Mit Sicherheit bin ich kein Besserwisser. Aber jede neue Idee, die alles zu verdrängen scheint, impliziert diese Annahme. Nun, mir ist bewusst, dass auch meine Theorie einmal durch eine neue, bessere ersetzt werden wird, so sie richtig erscheint. Gelingt es mir, nur den Anstoß für bessere Erkenntnisse zu geben, habe ich etwas erreicht. Viele Theorien erscheinen großartig und plausibel, aber ihr Grundpostulat ist falsch, auf das sie aufgebaut sind. So kann es mir auch ergehen. Ich würde mich freuen, wenn Sie mithelfen würden, meine Theorie zu verifizieren aber auch zu falsifizieren. Denn Falsifizierung, also fehlerhafte Behauptungen oder Erklärungen zu erkennen, sind mir wichtiger, denn ich bin mir der Verantwortung bewusst, Menschen eventuell einen falschen Weg aufgezeigt zu haben.

Günter Linzenich

Quantentheorie ganz einfach

oder

Nix mal unendlich mal Zeit ergibt Kosmos ?

Pisa für Physiker und Mathematiker

© 2008 Dr. Günter Linzenich
Herstellung und Verlag: Books on Demand GmbH.
Norderstedt
Alle Rechte vorbehalten
ISBN 978-3-8334-7612-9

Max Planck

in Verehrung

gewidmet

Vorwort

Als ich im März 2007 eines Nachts aufwachte und etwas spürte, das vieles erklären konnte, fing ich an zu schreiben als ob ich etwas diktiert bekäme. Dieses Phänomen ist gar nicht so selten. Bei kleineren Dingen sprechen wir einfach von einer Idee je nach Größenordnung. Es ist ein wunderbares Gefühl, geführt zu werden mit dem Bewusstsein, nicht alleine zu sein, mit der Zuversicht, sich an etwas anlehnen zu können auf das man vertrauen kann. Da mir das Diktat so logisch erschien, wollte ich es auf jeden Fall für die Nachwelt sichern, ganz gleich, ob sie etwas damit anfangen kann oder nicht, denn Morgen könnte ich ja tot sein. Wem sollte ich es hinterlassen, den Physikern oder einer breiten Menge. Würde von der breiten Masse, wie wir so unschön abwertend reden, auch nur einer meine Theorie aufgreifen und bewusst weiterverfolgen, ob nach Jahren oder Jahrhunderten, es bestände ja die Möglichkeit der Kettenreaktion, und darauf hoffe ich. So war mein erstes Gedankenwerk mit dem etwas reißerischen Titel: „Dem Schöpfer über die Schulter geschaut" eher ein kurzer Manifestierungsversuch als eine wissenschaftliche Auseinandersetzung, also ein Rückkopplungsversuch an Lesern. Für die meisten Menschen ist Physik zu trocken und für das normale Leben nicht notwendig.

Physiker dagegen haben sich schon vor dem Examen auf dem etablierten Feld der bestehenden Physik irgendwo festgebissen und sind nicht an einer Ablenkung interessiert.

In diesem Taschenbuch möchte ich Beispiele aufzeigen mit einem Aha-Effekt, dass es wirklich so sein könnte. Daher kann es natürlich kein Ordnungssystem mit einem Inhaltsverzeichnis geben, da alles miteinander rückgekoppelt ist. Kein Inhaltsverzeichnis auch auf dem Hintergrund, dass es keine Singularität geben kann. Sie werden später sehen warum.

Pisa für Physiker und Mathematiker

Pisa sind Wissensstudien an den Schulen. Es würde auch den Hochschulen und allen anderen Bereichen der Wissenserweiterung gut stehen, einmal Rückschau zu halten, ob wir noch auf einem richtigen und erfolgreichen Weg sind. „Nix mal unendlich mal Zeit = Kosmos?" Hört sich ganz schön bescheuert an, ist aber mit anderen Worten nichts anders als die Urknall-Theorie. „Ur" ist ein Zeitbegriff für einen weit entfernten Anfang und Knall ein beschränkter Begriff aus der Akustik. Beides zeigt, dass die Realität nicht verstanden worden ist. Wenn man den Kosmos richtig beschreiben will, muss man klare Begriffe und auch Folgerungen vorwärts wie rückwärts haben, die sich logisch nicht ausschließen und einen unbestreitbaren Weg zeigen und uns präzise bewusst werden lassen. Warum haben wir solche Schwierigkeiten, einen solchen Weg zu finden? Die Antwort ist ein einziges Wort, die Verkennung der alles beherrschenden Rückkopplung. Sie wird im weiteren Verlauf immer wieder die Erklärung geben, wenn wir gedanklich nicht weiter zu kommen glauben. Rückkopplungen kennt jeder, aber wir werden uns nicht bewusst, dass alles, aber auch wirklich alles ausnahmslos von der kleinsten bis zur größten Entität rückgekoppelt ist und rückgekoppelt sein muss. Wenn wir dieses Postulat auch nur an einer einzigen Stelle durchbrochen erkennen können, ist meine Theorie falsch und kann verworfen werden. Es gibt keine Singularitäten! Für unser Denken ist es aber im Alltag einfacher, mit eben Singularitäten zu leben, weil wir für den praktischen Bedarf keine Zwischenverbindungen brauchen. Für eine Theorie müssen aber diese Zwischenwerte deutlich erkannt und lückenlos nachvollzogen werden können. Für Physiker ist es das allerhöchste Ziel, eine vereinheitlichte Theorie, das heißt, ein Grundelement für alles zu entwickeln. Ist es nicht eigenartig, dass eine Gruppe von Physikern versucht, einen Aufbau aus Singularitäten herbeizuführen, während die zweite wieder zeigt, dass diese Singularität keine Singularität ist. Solange wir den Begriff Singularität nicht aufgeben, werden wir eine „Vereinheitlichte Theorie", die alles erklärt, nicht finden. Alles ist rückgekoppelt ob starr oder flexibel, ob statisch oder labil.

Um Ihnen gleich die Tragweite meiner Theorie klar zu machen, es gibt keine Singularität eines Elektrons, eines Protons, Neutrons, eines Atoms und so weiter. Es sind nur Arbeitsmodelle, durch die wir verknüpfen lernen und Erkenntnisse gewinnen. Gerade auch im Hinblick auf die Quantentheorie, die nur wage Wahrscheinlichkeiten angeben kann mit allzu großem Unsicherheitsgefühl. Wir wollen im Weiteren immer wieder Gedankenexperimente machen, wie auch

Einstein es liebte, einmal, um unser gewohntes Denken zu überprüfen oder auch zu schauen, ob wir unter einem Begriff das Selbe verstehen. Dazu brauchen wir Vergleichsbegriffe unter diskutierenden Partnern, aus denen wir entnehmen, ob unsere Ansichten übereinstimmen oder auch nur teilweise. Um auf unserem Wege weiterzukommen, müssen wir einen kompletten Konsens haben.

Wollen Sie mit mir einen gemeinsamen Weg zum höchsten Ziel der Physiker gehen in der Hoffnung, es zu erreichen? Sie werden sehen, wie relativ leicht es ist. Sie müssen mir nur versprechen, lauthals zu protestieren, wenn Sie einen Fehler entdecken. Wir müssen dann beide solange stoppen, bis der Fehler erkannt und beseitigt ist. Die Ursache kann bei mir, bei Ihnen oder uns beiden liegen.

Bevor wir anfangen, müssen wir überprüfen, ob unser Gehirn, seine Sinnesorgane und auch die inneren Rückkopplungen zueinander überhaupt in der Lage sind, einen solchen Weg anzutreten und bis zur großen Erkenntnis durchzuhalten. Was tut unser Gehirn? Es speichert Engramme, also Begriffe, die wieder abgerufen werden können, und es schafft auch Querverbindungen zu diesen Speicherplätzen, so dass wir Dinge erkennen und zuordnen können, um aus beiden richtige Schlussfolgerungen zu ziehen, also Rückkopplungen. Unser Gehirn ist ein Wunderwerk.

Es lässt uns aber auch erkennen, wie störanfällig es ist. Wir müssen also immer auf der Hut sein vor Fehlern. Der bekannte Physiker und Philosoph Karl R. Popper fordert daher, jede je gefundene und geglaubte Richtigkeit muss immer wieder in Frage gestellt werden, also falsifiziert werden, zum Beispiel bei anderen Grundbedingungen. Wir werden im Folgenden immer wieder vor solchen Situationen stehen. Selbst, wenn unser Gehirn richtig arbeitet, wie ist es mit den Sinnesorganen? Sind auch die wahrnehmbaren Rückkopplungen zur Außenwelt ausreichend, um keine Fehler zu machen? Wir brauchen uns doch nur den einzelnen Sinnesorganen zuzuwenden, um ihre Fehleranfälligkeit zu erkennen. Betrachten wir sie aus der Sicht der Wellentheorie müssen wir feststellen, dass wir nur bestimmte Wellenlängen wahrnehmen und auch nur bei bestimmter Intensität. Von 1 bis 16 Schwingungen können wir Wellen nur fühlen. Von 16 bis ungefähr 30000 Schwingungen nur hören. Ab dann aufwärts sind uns primär keine Wahrnehmungen mehr gewährt bis zu den Lichtwellen. Oberhalb derer ist dann endgültig Schluss. Erst über Umwege erhalten wir dann noch Informationen und ob diese dann richtig sind, bleibt oft genug offen. Um folgerichtig denken zu können, müssen wir aber alle Frequenzen von eins bis unendlich zueinander in Bezug setzen und verstehen können. Ist es da nicht verwunderlich, wenn wir viele Fehler machen und Fehlentscheidungen treffen? Müssten wir daher dem lieben Gott böse sein? Bestimmt nicht. Unsere Sinnesorgane geben uns so viele Erkenntnisse, wie wir zum Leben brauchen. Zudem verbessern sie sich gegebenenfalls bei veränderten Bedingungen. Würden wir alle Entitäten und Rückkopplungen erkennen, würde unser Gehirn total überfordert sein. Durch den Computer haben wir lernen müssen, dass unsere Leistungsfähigkeit gegenüber der Maschine deutlich schwächer ist. Dafür kann diese nicht denken. Der Computer ist nur so gut wie sein Programmierer und damit sind dann auch Fehler vorprogrammiert. Dass unser Gehirn ein hochgradiges Rückkopplungsorgan mit sicher auch wechselnder Funktionstüchtigkeit ist, verrät uns die Feststellung an uns Menschen. Eine Gruppe kann besser Engramme speichern, die andere besser verknüpfen und neue Entitäten bilden. Jeder Mensch hat von beiden etwas. Also nicht entweder oder, sondern sowohl als auch. Aber auch bei richtiger Programmierung macht der Computer Fehler, Fehler, die er in der Sache machen muss. Der Computer kann nur mit Singularitäten rechnen, die es nicht geben kann. Es gibt eine nette Geschichte. Der Meteorologe Lorenz soll seine Wetterdaten in den Computer eingegeben haben. Zur Kontrolle habe er dann die gleichen Werte aber nur mit je 6 Stellen hinter dem Komma eingetippt. Das Ergebnis, die neuen Berechnungen lagen meilenweit auseinander. Warum? Der Computer ist auf so und so viele Stellen hinter dem Komma eingestellt. Ist diese Stellenzahl erreicht, rundet er auf oder ab. Bei großen Zahlenmengen summiert sich aber der Fehler. Ein Mathematiker kann nicht bis 2 zählen. Glauben Sie nicht? Dann fangen Sie mal an zu zählen. 1,0 – 1,1 – 1,11 – 1,111 – 1,1111 und so weiter. Sie können jetzt so viele Stellen hinter dem Komma anhängen, Sie werden nie bis 2,0 kommen. Sie können es auch bei 1,9 versuchen. Wo liegt der Fehler? Die Mathematik kann nur mit Singularitäten arbeiten. Nun, die Mathematiker haben das natürlich auch erkannt und haben versucht, eine Formel zu finden, zum Beispiel die Iteration und andere, um diese Fehler weitgehend zu vermeiden. Bei kleinen Zahlenmengen fiel der Fehler noch nicht auf. Damit konnte man leben. Auf den gesamten Kosmos gesehen werden die Fehler aber immer größer und können nicht mehr vernachlässigt werden. Meine Mitschüler auf dem Gymnasium waren zufrieden, wenn sie aus Zahlen eine schöne Kurve malen konnten, eine Parabel oder eine Hyperbel. Mich faszinierte das Zeichen unendlich. Was ist das? Für mich war die Frage immer Motor meines Lebens. Oder die Zahl Pi. Wie kann ich aus dem Radius eines Kreises einen Kreis machen. Mit der Mathematik geht das nicht. Es bleibt immer eine Lücke. Keiner konnte mein Interesse oder überhaupt ein Problem sehen. Selbst meine Hochschullehrer schauten mich verdutzt an und versuchten meiner Frage zu entgehen, indem sie meinten, man könne doch beliebig viele Zahlen nach dem Komma anhängen, um so auch genügend genaue Ergebnisse zu erhalten. Sie hatten mein Problem nicht erkannt. Wenn man mit dem Zirkel einen Kreis schlagen kann, ist er doch problemlos zu vollenden. Ich weiß ja, wo ich mit dem Zirkel angefangen habe, aber ein Außenstehender, der nicht dabei war, nicht. Wo fängt ein Kreis an und wo endet er? Der Kreisschlag hat natürlich auf der Zeitachse an einem bestimmten Punkt angefangen, aber unsere Sinnesorgane können es nicht erkennen.

Machen wir wieder ein Gedankenexperiment. Vorsicht, sie enthalten meistens Denkfehler. Sie sind aber oft nützlich, weil sie uns den Weg zeigen können, den wir zur Lösung unserer Probleme brauchen. Ich möchte hier einmal einfügen, dass mir mein Schreibstiel nicht gefällt. Nicht wegen der Ästhetik, nein, weil ich dauernd zwischen Logik und Glaubenssachen, Vermutungen, Behauptungen und dergleichen wechseln muss. Unsere Sprache ist leider die der Singularitäten, ich komme nicht daran vorbei. Ich muss mit Begriffen manipulieren, die wir alle verstehen oder zu verstehen glauben. Ich muss noch mal Karl R. Popper bemühen. Er sagt, es gibt keine Wahrheit, es gibt nur eine Asymmetrie der Wahrheit. Was meint er damit? Ich möchte das präziser fassen, knallhart und unumstößlich: Alles ist rückgekoppelt, immer nach dem Prinzip sowohl als auch, niemals entweder oder. Das würde eine Singularität voraussetzen. Was sich ändert ist das Ausmaß der Rückkopplung auf der Zeitachse und seine Intensität. Wenn wir das begriffen haben, immer im Auge behalten und nachprüfen, werden sich viele Probleme in Nichts auflösen. Unser Denkfehler liegt darin, irgendwann wieder in eine Singularität zurückzufallen.

Denken wir einmal an Darwins Überleben des Stärkeren. Wer ist denn der Stärkere und warum? Hier wird einfach nur der Denkvorgang irgendwann abgebrochen und mit einer Singularität beendet. Folge, die Frage bleibt offen und das Ergebnis falsch. Warum überlebt denn nun der Stärkere? Durch Rückkopplung, alles lässt sich durch Rückkopplung erklären ganz einfach. Der Stärkere hat sich mit der zerstörenden Entität rückgekoppelt und arrangiert, er ist eine Symbiose eingegangen, sie haben ein gemeinsames Programm entwickelt nicht ohne bestimmte Verluste hinnehmen zu müssen. Unter dem Strich, leben und leben lassen. Seit vielen Jahren versucht die amerikanische Biologin Margulis, das den Menschen klar zu machen, vergeblich. Wir sehen die Lösung wie in alten Zeiten immer im Töten. Wir schreien unentwegt, dass das Töten keine Lösung ist, tun es dennoch weiter indem wir die Verantwortung den anderen zuschieben. Krieg ist schlecht, aber du bist schuld. Bleiben wir in Darwins Denkbereich. BSE ist die erste Krankheit, die eindeutig vom Menschen erschaffen wurde aus Profitgier mit erheblichen wirtschaftlichen Folgen und Schäden. Seit je her sind unsere Kühe Vegetarier und ausschließlich Vegetarier. In ihrem genetischen Programm ist die Verdauung nicht auf tierisches Eiweiß eingestellt. Das muss dazu führen, dass das Rückkopplungsprogramm zusammenbrechen muss, weil sich auf die Schnelle kein gemeinsames Programm entwickeln kann. Auch hier gilt die Trägheit der Masse. Tiermehl, auch noch so sauber von schädlichen Bakterien oder Viren, ist nicht Nahrungsgrundlage von Kühen. Wenn wir Viren finden, dann haben wir ein Programm entdeckt, allerdings ein folgenschweres. Fragen wir uns nie, wo kommen die Viren her, wo waren sie bisher, warum haben wir sie nicht bemerkt, warum haben sie uns nicht krank gemacht? Die Antwort kann nur heißen, sie haben mit uns in Symbiose gelebt, also im Gleichgewicht. Wir nennen es Immunität, nur ein anderes Wort für harmonische Rückkopplung. Irgend-ein äußerer Prozess hat dieses Gleichgewicht zerstört und damit auch die Rückkopplung. Zur Aufspaltung braucht man Energie, Die Physiker nennen es Aktivierungsenergie, ein ganz wichtiges Schlüsselwort zum Verständnis der gesamten Naturgesetze. Es wird eine Zeit auf der Zeitachse brauchen, bis sich eine neue Programmierung etabliert hat. Das haben wir aber nicht begriffen, sonst hätten wir nicht wieder alles gekeult, als die Vogelgrippe auftrat. Wir können nur hoffen, dass genügend Tiere in der freien Wildbahn das Keulen überstanden haben Denn mit der Keulung haben wir auch die Bildung von Immunität verhindert, die die Ausbreitung beendet. Wir wissen nach dem Verhulstschen Prinzip, dass sich immer wieder ein Gleichgewicht einstellt, sonst wäre das Leben auf der Erde in dieser Form längst vorbei, das Prinzip der Pufferung. Ein Teil der gekeulten Tiere hätte überlebt und hätte Immunität entwickelt. Alle erkrankten Tiere der Welt können wir so wie so nicht erreichen und damit auch nicht die Gefahr eines erneuten Ausbruchs. Die Haustiere können wir zwar mit gewaltigem Aufwand impfen, die Frage ist nur, ob die Immunität auch genetisch genügend gespeichert wird. Der richtige Weg wäre gewesen, wie es früher auch mit Erfolg gehandhabt wurde, sichere Sperrbezirke zu errichten. Jetzt wurden alle Tiere vernichtet, viele hätten überlebt und wären Grundlage für neue immune Züchtungen geworden. Aber wir lernen es einfach nicht und Margulis und Mitarbeiter hoffen weiter auf

Einsicht und Reaktion.

Wenn Sie bis hier begriffen haben, dass alles Sein nur über Rückkopplung durch Quantelung besteht, dann ist auch die Zukunft keine Singularität. Sie ist, wie auch die Vergangenheit, logischerweise immer schon da gewesen. Sie, ich meine wirklich Sie, haben den gordischen Knoten mit zerschlagen. Sind Sie sich der Größe dieser Erkenntnis bewusst?

Zeit ist nur eine Ortsbestimmung nichts weiter. Der Kosmos ist in sich ein Ganzes ohne Anfang und ohne Ende, keine Singularität, immer in sich zurückgekehrt.

Behalten Sie diese Erkenntnis in der Folge immer im Auge! Sie können alles erklären, nur nicht mit der Mathematik. Begehen Sie aber nicht den Fehler, wir brauchten die Mathematik nicht. In ihren Grundfesten ist sie nicht erschüttert. Ohne sie wären wir nicht da, wo wir heute sind. Sie ist ein unverzichtbares großartiges Werkzeug. Kehren wir noch mal zu biologischen Prozessen zurück, gerade weil sie zur Zeit so kontrovers diskutiert werden, das Rauchen. Hier können Sie gleich Ihre Erkenntnisse selbst prüfen. Also wir brauchen Rückkopplung mit Quantelung und entsprechender Intensität auf der Zeitachse. Wir sind nicht mehr auf der Ebene des Gesamtkosmos, sondern auf unserer Erde. Ich muss noch mal auf meine frühere Abhandlung, dem Schöpfer über die Schulter geschaut, zurückkehren, da wir hier im biologischen Bereich zwei unter anderem verschieden notwendige Rückkopplungen haben, eine innere der jeweiligen Entität und eine von außen kommende der Umwelt. Jede Zelle hat ihr eigenes Programm. Wollen wir nur einmal ein einzelnes Gen als Basis nehmen, weil hier die Hauptspeicherung verläuft. Aus der Zellteilung wissen wir, dass jede neue Zelle das gleiche Muster weiter vererbt bekommt. Aber jedes Gen wieder und sein Teilungsprodukt unterliegt in jedem Augenblick erneut einer Rückkopplung mit der Umwelt. Es wird nie wieder das Gleiche sein. Wenn es aber bei der Rückkopplung ein mit dem Leben verträgliches neues Programm entwickeln kann, dann ist sein Fortbestand auf der Zeitachse für einen bestimmten Zeitraum gesichert je nach unterschiedlichem Energiegehalt (Entropie). Was hat das nun mit dem Rauchen zu tun? Sie können jede andere Entität nehmen, Alkohol, Rauschgift oder zum Beispiel Wasser. Ohne Wasser könnten wir nicht leben, wir könnten aber auch sehr schnell darin ertrinken. Es ist nicht die Entität selber, die einen Schaden oder Nutzen ausübt, sondern die Programmierung. Passt sie nicht zum Umfeld, schafft sie keine ausreichende Rückkopplung zu den Nachbarentitäten, wird sie auf der Zeitachse keine Chance haben, länger zu existieren. So ist das grundsätzlich immer. So ist das auch mit dem Rauchen. Wir wissen seit langem, dass jedes Lebeweisen einmalig ist. Verschiedene Arten lassen sich nicht miteinander kreuzen. Aber auch innerhalb der Arten gibt es kein zweites gleiches Individuum. Gerade heute erkennen wir aus der Transplantationsmedizin, wie schwierig es ist, Rückkopplung zum Spenderorgan zu schaffen. Abstoßung ist Verlust der Rückkopplung! Wir wissen heute, dass Mutation keine Ausnahme sondern die unausweichliche Regel des Erhalts auf der Zeitachse ist. Jeder Mensch hat sein eigenes Programm, das nur ihn im Gleichgewicht hält. Seine Rückkopplung mit anderen Agenzien löst immer eine ganz persönliche Reaktion aus, die es anders nie wiedergibt. So wird auch der geliebte Rauch je nach Programm und Intensität bei jedem eine andere nicht zu leugnende Rückkopplung auslösen. Es kann daher keine verallgemeinernde Aussage gemacht werden, erst recht nicht eine verbindliche. Für jeden gibt es einen Grenzwert, der vom Staat mit Gesetzen festgelegt nur aus dem Bauch heraus formuliert wird, aber nur unser Unvermögen bestätigt. Wenn Altbundeskanzler Helmut Schmidt als Dauerraucher dabei überlebt, bedeutet das, dass das innere Programm seines Körpers eine stabile Rückkopplung mit dem Rauch gefunden hat, das ihn auf der Zeitachse so lange hat überleben lassen. Wie soll der einzelne aber seine eigenen Grenzen erkennen, nicht nur beim Rauchen

Der Schöpfer hat uns natürliche Sensoren gegeben, das zu erkennen, so wir die Sensoren sensibilisiert erhalten haben, und nicht durch Glaubenssätze, Behauptungen und falsche Versprechungen verloren haben. Sie spüren Hunger, wenn Sie Nahrungsbedarf haben, Durst, wenn Sie Wasser brauchen und so weiter. Sie spüren auch, wenn Ihnen etwas nicht so gut tut, zum Beispiel Zigarettenqualm. Wenn Sie das erkennen, ist eine ausreichende Symbiose also Rückkopplung nicht mehr gewährleistet. Sie können durch Übung, wie auch beim Sport, Ihr eigenes Rückkopplungsprogramm trainieren, aber Sie können nicht erkennen, wie lange das Programm auf der Zeitachse überleben wird. Sie sind ein einmaliges, spezielles Wesen. Lassen Sie sich nicht von einem Diätspezialisten einreden, was Sie brauchen. Er kann Ihnen nur Vermutungen vortragen, von denen er glaubt, dass sie für Sie richtig sind. Ausgewogen ist ein typisches Schlagwort. Richtig, nur was ist ausgewogen. Bisher hat mir das noch keiner erklären können. Er brauchte nämlich dazu Ihr ganz persönliches Rückkopplungsprogramm und das weiß er so wenig wie ich. In meinem Leben habe ich schon Hunderte von Diäten erlebt, alle waren falsch und erfolglos. Aber alle paar Wochen erscheint eine neue, die es wirklich tun soll. Den meisten gemeinsam ist die Grundlage nach Kalorien. Füllen Sie einmal einen anderen Stoff mit gleicher Kalorienzahl in Ihren Autotank außer Benzin, Diesel oder Rapsöl. Sie erkennen schnell, Sie brauchen keine Kalorien zum Fahren, Sie brauchen ganz spezifische Stoffe mit spezifischem Programm. Auch Ihr Körper braucht keine Kohlenhydrate, kein Eiweiß oder Fett. Er braucht alle drei mit jeweils spezifischen Mengen und Rückkopplungen. Der liebe Gott hat zwar die Umwandlungen von einem ins andere programmiert, aber nicht unbegrenzt. Wenn Sie zu dick oder zu dünn sind, sehen Sie es vor Ihren Augen offensichtlich. Sie sind sich auch dessen bewusst, aber Sie wollen es nicht so gerne sehen. Wie Kant sagte: Handeln ist leicht, Denken ist schwer, nach dem Gedachten handeln unbequem. Es ist nicht nur unbequem, sondern sicher auch schwierig, denn Sie müssen Ihr inneres Programm umstellen auf den Zustand, wo Sie noch schlank waren. Der Körper will sein einmal eingestelltes neues Gleichgewicht nicht so leicht wieder ändern, wenn es sich einmal auf der Zeitachse etabliert hat. Das braucht Zeit wie die Trägheit der Masse. Nicht das Essen macht primär dick, sondern das Verarbeitungsprogramm, das im Kopf gespeichert ist und sich mental beeinflussen lässt.

Ich habe schon lange Ihren Protest erwartet. Wir haben einen großen Gedankenfehler übersehen, der wohl bis jetzt nicht so von Bedeutung war. Wir haben festgestellt, dass man Teilchen auch als eine Welle betrachten kann. $E=mc^2$. Wir werden später sehen, dass das nicht ganz richtig sein kann, den c wird als eine Konstante betrachtet, also als eine Singularität. Die Lichtgeschwindigkeit c muss aber variabel sein. Wir haben Rückkopplungen als Wellen betrachtet, jedoch nicht bedacht, dass diese Wellen durch ein Medium hindurch laufen und selbst wieder Rückkopplungen gegenüber unserer Rückkopplungswelle erzeugen. Sie laufen jedoch nicht durch ein homogenes Feld. Die multivektorielle Vielfalt einer jeden Entität mit all ihren Rückkopplungen in sich, ist nicht zu überschauen. Es ist erstaunlich, dass die Wissenschaft schon vor der Quantentheorie die Möglichkeit gefunden hat, ein relativ homogenes Feld zum Messen zu erzeugen. Ich meine hier das Vakuum. Ein echtes Vakuum kann es nicht geben, aber ein Quasivakuum, das heißt, einen Raum, der nur noch sehr wenig Quanten enthält, die die Messergebnisse verfälschen können. Heute gibt es auch noch die Möglichkeit, ein relativ homogenes Feld durch starken Magnetismus zu erzeugen. Beides im Prinzip das Gleiche, nur auf anderer Basis.

Wenn wir hier einmal zurückschauen, müsste uns klar werden, dass wir die ungeheure Vielzahl der Rückkopplungen mit unseren Sinnesorganen nicht nachvollziehen können. Wir brauchen dazu eindeutige

Differenzen gleich über welchen Umweg. Ein kleines Beispiel. Ich stelle einen Sack mit wunderschönen, hochpolierten Kugeln vor Sie hin. Die Kugeln sollen gleich groß, gleich schwer, überhaupt voneinander nicht differenzierbar sein. Ich nehme eine Kugel aus dem Sack, zeige sie Ihnen, poliere sie noch mal nach, so dass keine Unterschiede mehr zu erkennen sind, und werfe sie wieder in den Sack zurück. Dann mische ich die Kugeln und fordere Sie auf, die Kugel wieder zu finden. Sie wissen genau, dass die Kugel in dem Sack sein muss, Sie können sie nicht differenzieren. Um sie zu erkennen, müssen wir eine Differenz zu den anderen herstellen zum Beispiel einen Punkt aufmalen oder etwas wegfeilen. Wichtig ist nur ein Mehr oder Weniger. Das Gedankenexperiment ist natürlich falsch. Wir können gar keine gleichen Kugeln herstellen. Schon das Anfassen der Kugel hätte Energieverschiebungen auslösen müssen. Den Schluss, den wir aus dem Gedankenexperiment ziehen wollen ist der, wir erkennen Gegenstände nur aus ihren Differenzen. Wenn wir eine Differenz erkennen, muss es etwas geben, was die Differenz bildet, also ein Medium. Die Plenisten wie Plato, Aristoteles oder Descartes haben heiß darüber diskutiert. Ist der Kosmos aus dem Nichts entstanden oder war er immer schon da? Wir Menschen haben große Schwierigkeiten mit dem Begriff Zeit. Für uns muss mindestens alles einen Anfang haben und da liegt unser Denkfehler. Zeit ist eine Ortsbestimmung von etwas Bestehendem, weshalb Einstein die 4. Dimension einführte und logischerweise einführen musste. Zeit in diesem Sinne darf nicht mit Existenz verwechselt werden. Zeit ist der Abschnitt auf der Zeitachse, auf der eine Entität besteht oder verändert erhalten bleibt, und setzt ein Medium voraus. Wenn aber eine Entität einen Anfang hat, muss sie auch ein Ende haben. Anfang setzt immer ein Ende voraus. Wie sollte sonst das Gesetz der Energieerhaltung und der Entropie funktionieren? Wollen wir erklären, dass es ein Nichts nicht geben kann, müssen wir einen Geistestrick nutzen, den Umkehrschluss. Wir wissen doch aus zahlreichen Experimenten, dass wir Energie, also dieses Medium von dem wir sprechen, nicht vernichten können. Es bleibt immer, wenn auch in verschiedenen Formen, erhalten. Es kann also kein Nichts geben, was auch unseren Erfahrungen und Gefühlen entspricht. Vergangenheit, Gegenwart und Zukunft sind eins. Nur unsere Neigung zu Singularitäten bringt uns in Schwierigkeiten. Um aber nochmals auf unser altes Zahlenexperiment zurückzukommen, die so einfache Lösung besteht darin, dass alles rückgekoppelt ist und diese Lücken so ausgefüllt werden.

Bevor wir nun versuchen, eine vereinheitlichte

Theorie zu erstellen, möchte ich noch mal meine Postulate aufzeigen, damit wir immer wieder eine Rückprüfung vornehmen können.

Hypothese 1

Es muss durch einen Schöpfungsakt ein Grundelement geben, das wir Energie nennen, aus dem sich die Entstehung des ganzen Kosmos ableiten lässt.

Hypothese 2

Alle Energie ist gequantelt, also in winzig kleine Pakete aufgeteilt. Die Quantelung ist Grundvoraussetzung für die Bildung von Entitäten. Sie ist gleichzeitig die Grundlage für Programmierung und schafft die Möglichkeit unendlich vieler Variationen.

Hypothese 3

Es kann keine Singularitäten geben, alles muss miteinander rückgekoppelt sein, sonst könnte es kein Ordnungssystem geben und auf der Zeitachse erhalten bleiben, wenn auch unterschiedlich lange. Der ganze Kosmos muss daher ein offenes System sein. Mit nur einer einzigen Singularität würde die ganze Hypothese zusammenbrechen.

Hypothese 4

Jedes Quant lässt sich durch die drei Raumkomponenten auf der Zeitachse beschreiben. Da jedes Quant ein offenes System ist, können sich die Energiewerte insgesamt und auf den drei Raumachsen je nach Rückkopplung in jedem Augenblick auf dem Pfeil der Zeit ändern.

Hypothese 5

Jedes Quant besteht aus einem Kern mit starker Rückkopplung und einer umgebenden schwächeren Rückkopplung, wobei ein erheblicher Energiesprung zwischen „Kern" und „Hülle besteht (siehe Atomaufbau).

Hypothese 6

Nach dem 2. Hauptsatz der Thermodynamik fließt Energie immer vom höheren Potential zum niedrigeren bis ein Gleichgewicht erreicht ist. Dabei baut sich das niedrigere Potential entsprechend auf. Da sich nach dem Urknall der Kosmos immer weiter ausdehnt (Rotverschiebung), das heißt, dass die Dichte des Raumes ständig abnimmt und damit auch die Rückkopplung zwischen den einzelnen Entitäten, müsste, um das Gleichgewicht zu erhalten, neue Energie aus anderen Energiekonzentrationen frei werden zum Beispiel durch Fusion oder Energie aus anderen Rückkopplungen.

Hypothese 7

Da alles miteinander rückgekoppelt ist, kann es kein Vakuum geben. Der Raum ist erfüllt von Energie oder Materie nach Einsteins $E=mc^2$. Hier finden sich die 94% vermisster dunkler Energie und dunkler Materie, die mit ihrer Umgebung im Gleichgewicht sind. Nach dem Dualismus von Teilchen und Welle, können Wellen interferieren und mathematisch als null erscheinen. Wenn die vereinheitlichte Theorie stimmen soll und sich aus dem Produkt der drei Raumkomponenten mit der Zeitachse erklären lässt, kann es weder je 0 % noch 100 % für eine der 4 Achsen geben.

Wie bisher schon erprobt, möchte ich wieder ein Gedankenexperiment zu Hilfe nehmen. Das Experiment ist natürlich wieder falsch, aber nur aus gemachten Fehlern können wir sie erkennen.

Stellen Sie sich vor, Sie haben ein Rohr, dessen Durchmesser gerade ein Quant umfasst. Warum gerade ein Quant? Warum nicht ein Elektron, ein Proton, ein Atom oder ein Molekül? Wir wollen die Eigenschaften eines Quants erkennen, dem kleinsten Teilchen jeder Entität, dem Grundelement allen Seins aus dem alles aufgebaut ist. An beiden Enden sitzen Beobachter nach Einsteins Vorbild. In der Mitte des Rohres befindet sich ein Quant, das, wie gesagt, gerade das Lumen ausfüllt. Jetzt werden wir den rechten Beobachter bitten, in das Rohr zu blasen. Was wird er beobachten? Das Quant bewegt sich von ihm fort und bleibt irgendwo stehen, wenn ein Gleichgewicht zum Bläser besteht. Jetzt bitten wir den linken Beobachter an dem Rohr zu saugen. Was beobachtet der? Das Quant bewegt sich auf ihn zu gleichfalls bis zum Gleichgewicht. Jetzt bitten wir beide Beobachter in das Rohr zu blasen. Was passiert? Beide werden feststellen, dass das Quant kleiner wird, also komprimiert wird je nach seinem Aggregatzustand. Enthält das Quant wenig Energie (gasförmig) pro Raumkomponente, wird es sich leichter komprimieren lassen als bei festen Stoffen. An den Wänden des Rohres kann es sich nicht ausdehnen. Ist der Druck des Blasens auf beiden Seiten gleich, wird es sich auch nicht bewegen. Ist er auf der rechten Seite stärker, wird es sich nach links bewegen. Warum? Das Quant wird sich solange bewegen, bis ein Energieausgleich erfolgt ist, also ein Gleichgewicht. Es entsteht also ein Impuls nach links. Sehen wir den Vorgang von der linken Seite, werden wir keinen Impuls beobachten, sondern einen Sog, eine ganz wesentliche Einsicht, wie wir später einsehen werden. Was passiert, wenn wir auf beiden Seiten mit hohem Druck hineinblasen? Irgendwann wird sich das Quant nicht mehr komprimieren lassen. Es enthält mehr Energie als die Rückkopplungen der Rohrwände. Es entsteht eine Energiedifferenz vom Quant zum Rohr. Es muss einen Energieaustausch zur Wand erfolgen. Was werden wir feststellen? Die Wand erwärmt sich (Prinzip des Kühlschranks nach dem Lindeprinzip). Lassen wir an beiden Seiten saugen, wird sich das Quant ausdehnen solange bis seine Rückkopplungsenergie quasi verbraucht ist. Da es kein Vakuum geben kann, wird jetzt ein Sog auf das Quant zur Rohrwand und das saugende Medium stattfinden. Gäbe es das Prinzip der Singularität, wäre hier meine Theorie schon beendet. Aus der Beobachtung des eingeschlossenen Quants im Rohr sehen wir, dass das Quant ein offenes System sein muss. Da der ganze Kosmos nur aus Quanten besteht, die ein offenes System sind, ist auch der Kosmos ein offenes System.

Wir werden uns nun fragen lassen müssen, wo die Fehler in unserem Gedankenexperiment liegen. Ich nehme an, Sie haben schon mehrfach gegen meine Ausführungen protestiert. Also müssen wir die Fehler plausibel entfernen. Der Kardinalfehler, der all unser wissenschaftliches Denken durchzieht, ist der Begriff Singularität. Die Rohrwand und alles was das Rohr umgibt im ganzen Kosmos ist rückgekoppelt. Auch das Quant und die Medien, die auf das Quant gedrückt oder auch daran gezogen haben. Bei unserem Denken sind wir so daran gewöhnt, nur immer den Impuls zu sehen, aber nicht den Sog, dass wir nicht mehr einen allumfassenden Zusammenhang zwischen Sog und Impuls erkennen. Wir rechnen immer nur mit dem Impuls und begreifen nicht, dass gleichzeitig ein Sog bestehen muss. Dabei muss doch die Zukunft schon da sein mit der geringeren Energiedichte, die dem Impuls den Weg bereitet. Da kommt der menschliche Geist auf die Idee, der Impuls habe so etwas wie ein Bewusstsein und wisse daher wohin er sich ausbreiten müsse. Nun, er braucht keine Intelligenz, um den Weg zu finden. Er wird von der schon vorhandenen Zukunft zielstrebig angesaugt. Vergangenheit, Gegenwart und Zukunft sind eins durch ihre Rückkopplung. Denn gäbe es keine Vergangenheit, könnte es über die Gegenwart auch keine Zukunft geben. Gegenwart ist nur der Messpunkt, ein von uns gesetzter Punkt, an dem wir vorwärts oder rückwärts messen wollen.

Machen wir ein kleines Gedankenspiel. Sie stehen am Beckenrand eines Schwimmbades. Von der Stirnwand des Beckens springt gerade ein Schwimmer ins Wasser, um zur anderen Stirnwand des Beckens zu gelangen. Nach unserem Singularitätsempfinden würden wir sagen, das Wasser hinter ihm ist

Vergangenheit, das vor ihm ist Zukunft, dazwischen der Schwimmer als Bezugspunkt. Wir erkennen aber auch, dass das Wasser insgesamt nicht geteilt ist. Wie kann die Zukunft schon da sein, wenn wir die Vergangenheit gerade erst erkannt haben? Die Lösung des Problems: Das Wasser im Schwimmbad ist so etwas wie eine Quasihomogenität, eine Replikation, wie wir ja schon beschrieben haben. Jede Entität, hier Wasser, ist zum Nachbarn gleich, gleich groß und auch gleich rückgekoppelt, jedenfalls in unserem Bewusstsein, so dass wir ein Singularitätsbewusstsein erhalten, was natürlich nicht so ist. Wir setzen einen Startpunkt und können daraus berechnen, da die Wassermoleküle alle gleiche Größe und auch Eigenschaften auf der gesamten Schwimmlinie haben, wann der Schwimmer auf der anderen Stirnseite ankommt, wenn er eine konstante Geschwindigkeit hätte. Der Denkfehler liegt darin, dass es eine solche Homogenität des Wassers nicht geben kann wegen der schier unmöglich zu erfassenden Rückkopplungen zur Umgebung bis hin zum gesamten Kosmos. Alle Rückkopplungen sind kausal aber nicht determiniert. Diesen Unterschied müssen wir streng auseinander halten. Viele Wege führen nach Rom. Stellen wir uns vor, es gäbe keine Menschen auf der Erde, könnte es dann ein Parlament, eine Bank oder ein Gericht geben? Mit dem Beginn der Entität ist es aber sofort impliziert, aber nicht unbedingt existent. In der Gegenwart wird aus der Vergangenheit sofort durch Rückkopplung die Zukunft durch den Sog dorthin. Das Programm ist schon da, muss aber nach Notwendigkeit erst auf die Zeitachse gehoben werden.

Aus unserem Gedankenexperiment ergibt sich noch eine zweite ganz wichtige Folgerung aus der Praxis unseres Seins. Sie sitzen an einem windstillen Tag an einem schönen See. Die Wasseroberfläche ist für unser Bewusstsein spiegelglatt. Sie werfen einen Stein ins Wasser und bewundern die schönen Wellenringe. Wenn Sie scharf hinsehen, werden Sie erkennen, dass diese Ringe erst eng aneinander liegen und dann immer breiter werden. Auch die Höhe der Wellen nimmt ab. Die Physik nennt das eine gedämpfte Welle. Warum verschwindet die Welle dann langsam? Die Welle ist nicht nur mit den fortlaufenden Wellenpunkten selbst rückgekoppelt, sondern auch mit dem Umfeld. Hätte das Umfeld in alle drei Raumrichtungen und auf der Zeitachse gleich große und möglichst schwache Rückkopplungen, wäre die Welle sauber zu erkennen (der Welle-Teilchen-Dualismus wird uns später beschäftigen). Aber das Umfeld ist nie gleich, so dass die Welle immer wieder wegen Rückkopplungen mit den Nachbarn verändert ist. Tritt ein Sturm auf, wird die Oberfläche des Wassers unruhig. Es treten Rückkopplungen mit der

Windintensität auf, die wir nicht mehr verfolgen können. Werfen wir jetzt einen Stein ins Wasser, werden wir unsere durch den Stein erzeugten Wellen nicht mehr verfolgen können. Es treten unendlich viele Summierungen sowohl auf den Raumachsen als auch auf der Zeitachse auf. Unser Gehirn ist nicht mehr in der Lage, diese Differenzierung noch wahrzunehmen, besonders, wenn es sich um eine gedämpfte Welle handelt, die immer schwächer wird.

Kommen wir noch mal ganz kurz zu unserem beschaulichen Blick auf den wieder spiegelglatten See zurück. Die Quantentheorie, so faszinierend sie auch sein mag, hat uns das Problem gebracht, dass wir nur noch Wahrscheinlichkeiten bestimmen können. Stellen Sie sich einmal vor, Sie würden vor jedes Substantiv das Wort wahrscheinlich setzen, Sie würden schier verzweifeln. Aus dieser Misere müssen wir wieder raus. Wahrscheinlichkeit ja als die Folge unserer eingeschränkten Wahrnehmung. Wie können wir wieder zu einem Newtonähnlichen geordneten Determinismus zurückfinden? Die Technik hat schon einen Weg gefunden, der weiter ausgebaut werden muss. Wir müssen versuchen, eine höchstmögliche Homogenität zu erzeugen, in der wir unsere Entität hineinfügen und die Differenz messen, wie wir zuvor ja schon kurz angeschnitten haben. Diese Quasihomogenität ist nur durch eine hohe konstante

Energie zu erreichen, so dass der Umwelteinfluss zu vernachlässigen ist. Ganz wird das nie bei der Größe des Kosmos zu erreichen sein. Ich spreche von der Magnetresonanztomographie oder gleicher Verfahren.

Übrigens, wenn Sie noch mal an einem lauen Sommerabend mit spiegelglatter Oberfläche eines Sees sein sollten, werfen Sie doch noch mal einen Stein ins Wasser und beobachten scharf die Wellen. Sie werden sehen, dass die Wellenhöhe abnimmt und die Wellenlänge, also der Weg zwischen je zwei Wellenbergen, zunimmt. Diesen Versuch können Sie Tausende Male wiederholen. Er entspricht meinem Postulat: Ein Quant als Grundeinheit lässt sich durch die drei Raumachsen und die Zeitachse definieren. Ändert sich die Energie auf einer Achse, so ändert sie sich gleichzeitig auch auf den drei übrigen Achsen. Machen Sie ein zweites Experiment. Werfen Sie zur gleichen Zeit zwei Steine ins Wasser, werden Sie erkennen, wie die Wellen beider Steine durcheinander durchlaufen, so als gäbe es die jeweils andere nicht. Sie müssen aber rückkoppeln sonst würde eine Singularität entstehen. Welcher Denkfehler liegt vor? Sie müssten wieder lautstark protestieren. Wir haben übersehen, dass jede Energiemenge in Vektoren auf den Raumachsen verteilt ist, die ständig wechseln.

Da fällt mir eine kleine wahre Geschichte ein. In jungen Jahren machte ich mit meiner Frau Urlaub in

Tunesien. Da wir auch Land und Leute kennen lernen wollten, kamen wir eines Tages nachmittags in einem kleinen Ort an. Er hieß Birba Recba. Er ist mir daher in Erinnerung, weil sich dort die kleine Geschichte abgespielt hat. Von dort wollten wir mit dem Zug zum Hotel zurück. Der Bahnhof war ein hässliches kleines unscheinbares Gebäude. Viele Menschen mit Kartons, Hühnern, Gänsen und sonstigem Viehzeug standen gelangweilt umher mit nur wenig emotionalen Gesprächen. Der Zug kam zum rechten Zeitpunkt nicht an. Das störte die Wartenden wohl wenig. Wahrscheinlich waren sie Verspätungen gewohnt. Nach einiger Zeit wurde ich ungeduldig und wandte mich an den Einmannbahnhofsvorsteher, der auf dem Bahnsteig gelangweilt vor sich hin döste. Ich sprach ihn schließlich an, indem ich ihm meine Uhr zeigte und auf das Zifferblatt tippte. Er stand wortlos auf, ging zum Gleis, bückte sich und legte ein Ohr auf die Schienen. Dann erhob er sich wieder, zuckte mit den Achseln und ließ sich wieder auf seinen Hocker nieder. Ich bedankte mich höflich, was er mit Freude zur Kenntnis nahm. Es dauerte eine Weile, dann legte er wieder sein Ohr auf die Schienen und ging wortlos zurück. Die anderen einheimischen Wartenden nahmen sein Tun nicht einmal wahr. Nachdem diese Zeremonie mehrfach stattgefunden hatte, kam Unruhe in die Szene. Der Bahnhofsvorsteher hatte wieder einmal sein Ohr auf die Schienen gelegt, stand auf und sein Gesicht erfüllte sich mit einem zufriedenen Grinsen und sattem Siegesausdruck. Er erhob eine Hand und zeigte zwei Finger in meine Richtung. Und tatsächlich nach etwa zwei Minuten erschien der Zug am Horizont.

Der Mann verstand sicher nichts von physikalischen Gesetzen. Die Schienen sind ein Strang aus quasigleichem Material, also Eisen, durch die sich Wellen gerichtet fortpflanzen können. Die Eisenatome haben, da sie Replikationen sind, auch quasigleiche Rückkopplungen zueinander. Sie können daher auf der Zeitachse schneller reagieren auch im Bezug auf die inhomogene Umgebung, die schnell weggedämpft ist. Der Zug mit seinen polternden Geräuschen schickte Wellen über die Schienen voraus, die mit diesen rückkoppeln und ihre Energie an diese fortlaufend abgeben. So war nach einer bestimmten Wegstrecke die Energie verbraucht wie eine gedämpfte Welle. Diese gedämpfte Welle schob der Zug also immer vor sich her. Wenn man die Wegstrecke weiß bis das Ohr auf der Schiene die Ankunft mit hörbarer Intensität erreicht, kann man vorhersagen, wann der Zug ankommen wird. Hier kommt es nicht auf die Wellenlänge an, sondern auf die Intensität, also die Amplitude der Welle. Wollen wir festhalten, dass jede Welle eine gedämpfte Welle sein muss, wenn die

Dämpfung von außen nicht durch andere Energie kompensiert wird.

Ein Gedankengang, der sich hier anschließen muss, ist die Behauptung, dass Strom sich immer an der Oberfläche eines Leiters bewegt. Diese Behauptung kann nur bedingt stimmen. Wenn alles rückgekoppelt sein muss, dann müssen auch in einem Kabelinneren Energieverschiebungen stattfinden. Da aber alle Quanten im Inneren keine wesentliche Differenz aufweisen, wird kein leicht zu messender Unterschied entstehen. Leicht zu verstehen ist aber, dass zum Umfeld ein wesentliches Potentialgefälle bestehen muss. Energie fließt immer zum niedrigeren Potential und das ist eben das Umfeld, die Oberfläche, und muss es sein, weil man ja Energie verschicken will. Ich kann also mit absoluter Sicherheit behaupten, alleine aus einem logischen Rückschluss, dass sich auch im Inneren eines Stromleiters Quanten verschieben müssen, also Energie, wenn auch in geringem Ausmaß. Ich würde mich freuen, wenn jemand mir das Gegenteil beweist.

Ich glaube, dass ich jetzt genügend Denkanstöße gegeben habe, um uns an eine vereinheitlichte Theorie heranzuwagen. Alles, aber auch wirklich restlos alles, muss etwas Gemeinsames haben, das heißt doch wohl Vereinheitlichung, aus dem es aufgebaut ist, also ein Grundmedium, das gequantelt ist und unvorstellbar viele Rückkopplungen eingehen kann. Unser Denken ist aber vorwiegend auf das Trennende eingestellt. Schauen Sie mal um sich herum. Wir bilden immer Singularitäten, Tausend und aber Tausende, und wundern uns nicht, dass sie nicht zusammen zu fügen sind. Nehmen wir wieder einmal uns Menschen. Wir halten sie insgesamt für Singularitäten. Wir teilen sie sofort in Weiße, Farbige, Gelbe, ja sogar in grüne Sciencefiktionmenschen. Wir geben ihnen noch die Trennung in Vaterland, Familie, Weiblein und Männlein, Lebendige und Tote. Allen gemeinsam sind wir doch Menschen mit gleichen Funktionsmustern bis hin zum Denken. Warum tun wir das? Weil wir differenzieren wollen, Singularitäten bilden und schön säuberlich in Schubladen unseres Gehirns ablegen wollen. Schauen Sie auf die Nachrichten im Fernsehen. Alles wird in Singularitäten gepresst bis genügend Probleme da sind. Dann streitet man darüber möglichst so lange, bis man sich der Gegenseite genähert hat, ohne das Gesicht zu verlieren. So kommen meist faule Kompromisse zustande. Was wäre, wenn man erst stattdessen nach Gemeinsamkeiten suchen würde, nicht nach der Macht des Trennenden. Das würde Machtverlust bedeuten. Lieber Menschen in den Tod schicken, als Machteinbuße hinzunehmen. Man muss es nur zu begründen verstehen. Aber Sie sehen auch hier,

Bewusstsein schafft Rückkopplung zu Entitäten und verändert sie und umgekehrt. Also ist Bewusstsein Energie. Ich habe kürzlich ein Buch gelesen, worin der Autor auf über 350 Seiten diese Erkenntnis zu erklären versucht, abenteuerlich und unlogisch.

Wenn wir mit unserer vereinheitlichten Theorie weiter kommen wollen, müssen wir alle unsere Denkmodelle vergessen und ganz von vorne anfangen, die gesicherten Erkenntnisse aber sorgfältig wieder einbauen und richtig gewichten. Dazu haben uns vorwiegend zwei Forscher die Grundlage gegeben, Max Planck und Albert Einstein. Sie haben herausgefunden, dass alle Energie/Materie des Kosmos gequantelt ist und sein muss. Dass heißt, egal welche Entität wir betrachten, sie ist gequantelt, also in kleine Pakete von Energie geteilt, die aber in sich rückgekoppelt sein müssen. Erläutern wir erst mal Plancks Erkenntnis, die sofort von den Physikern in eine Singularität zu pressen versucht wurde nach altem Ritus. Max Planck arbeitete an der so genannten Hohlraumstrahlung. Sie müssen das Experiment mit den mathematischen Folgen nicht verstehen. Planck experimentierte an einem „schwarzen Körper", das ist ein Körper, der alle ihn treffende Energie absorbiert. In diesem schwarzen Körper war in der Mitte ein kugelförmiger Hohlraum mit einer sehr kleinen Öffnung, durch die man Energie einleiten konnte.

Gleichzeitig musste zwangsläufig auch dort wieder Energie austreten. Die Berechnungen des Ablaufs sind schwierig, sonst hätte es auch nicht eines Genies wie Planck bedurft. Für uns ist nur das Ergebnis wichtig, das besagt, Energie gleich welcher Art ist immer in kleine Pakete aufgeteilt, die man Quanten nennt. Aus der Formel, die Planck entwickelte, ist zu entnehmen, dass ein Quant keine Singularität sein kann. Alleine schon, dass sie die Zahl Pi, die immer als imaginäre Zahl ungenaue Werte ergibt, also Rückkopplungen enthält, kann das Quant keine Singularität sein. Die Entdeckung Plancks muss damals für die Physiker einen unheimlichen Schock ausgelöst haben, was man schon an dem Begriff der Ultraviolettkatastrophe erkennen kann, denn eine Katastrophe in den Naturgesetzen gibt es nicht, nur aus unserer Sicht in unserem Gehirn über unsere unvollständigen und falschen Sinnesinterpretationen. Alles ist schon ordentlich miteinander verbunden, nur wir versuchen Singularitäten daraus zu machen und enden letztlich kläglich. Wir reden von fließenden Übergängen, wollen sie aber gar nicht sehen, weil sie in unseren Vorstellungen unbequem sind. So fürchte ich auch, dass meine Theorie lange Zeit braucht, um Resonanz zu finden, bis einige den Mut haben, sich mit ihr auseinander zu setzen. Akzeptanz erfordert Einsatz gegen den Strom und das ist unbequem.

Wir reden von belebter und unbelebter Natur. Wenn Sie einmal durch ein Mikroskop geschaut hätten und hätten die Brownsche Molekularbewegung, das Zittern kleinster Teilchen, die wir sicher nicht als Lebewesen bezeichnen würden, würde Ihr Begriff von unbelebt sicher ins Wanken kommen. Warum denn alles zerteilen? Sagen uns nicht die Worte konstruktiv und destruktiv unserer Sprache, was sinnvoll ist? Planck hat seine Quantentheorie im Jahre 1900 veröffentlicht und seit dieser Zeit wird weiter zerteilt und zerteilt. Wieder gehen wir den falschen Weg in die Sackgasse und wundern uns, dass sie so unverständlich ist. Wir postulieren das Plancksche Wirkungsquantum als eine Konstante h, also eine Singularität, die fürs Grobe praktikabel ist, aber nicht exakt. Wieder, es gibt kein entweder oder, nur ein sowohl als auch. Sie wundern sich sicher, warum ich keine klaren Gliederungen hier im Text mache. Ich möchte die Entstehung jeder Singularität meiden. Ich möchte nicht den Eindruck erwecken, dass es für mich keine Quasisingularität als Arbeitsmodell gibt, aber immer nur, um an ihnen die Rückkopplungen, also das ewig Verbindende zu demonstrieren. Nun stehen wir nach über hundert Jahren da und können nur über Wahrscheinlichkeiten reden. Sollten wir nicht endlich einmal ein neues logisches Gedankengerüst auf Gemeinsamkeit mit allen durchdringenden Grundwerten aufbauen? Das

Quant gibt uns das Mittel an die Hand. Es durchdringt alles und ist allem gemeinsam, also vereinheitlicht. Wenn wir nun das bisher Gesagte als logisch nachvollziehen können, müssen wir uns fragen, was ist denn nun ein Quant, das das Trennende und gleichzeitig Verbindende miteinander vereint? Bevor wir dazu kommen, müssen wir noch ein anderes Standbein, den photoelektrischen Effekt, betrachten, das Lichtquant. Wir werden gleich sehen, dass das Wirkungsquant und Lichtquant im Grunde das Gleiche sind, nur auf anderen Wellenlängen.

Der Photoeffekt wurde von Heinrich Hertz entdeckt, von Philipp Lenard weiter verfolgt und von Einstein auf der Basis von Plancks Quantenmodell auf das Licht übertragen. Einstein erhielt hierfür den Nobelpreis, nicht für die Relativitätstheorie. Mit Licht lassen sich natürlich immer leichter Experimente machen als mit Wärmestrahlung. So wie Wärme ist auch Licht keine Einheit. Unterschied aus der Sicht der Wellentheorie sind die verschiedenen Frequenzen mit ihrer Intensität.

Sie warten jetzt sicher darauf, dass ich einen Gedankenfehler mache und die Quantelung als den Abschluss, also die Vereinheitlichung zur Erstellung meiner Theorie, ansehe. Also doch wieder eine Singularität? Ich habe immer wieder darauf hingewiesen, dass es keine Singularität geben kann, da alles miteinander rückgekoppelt sein muss. Sie sagen mit Recht, diese Energie, die man zum Rückkoppeln im Quant benötigt, kann ja auch keine Singularität sein, sonst könnte sie ja von einem Quant zu anderen nicht bewegt werden. Natürlich haben Sie Recht. Die Quantelung, die wir erkannt haben, ist nur eine von vielen Ebenen der Quantelung, die wir erkannt haben. Es baut sich Ebene für Ebene immer wieder auf der anderen auf. Je kleiner die Energiemenge, je kleiner auch die Rückkopplung, je höher die Ebene, je stärker die Rückkopplung. So ist es nicht verwunderlich, dass die Physiker immer neue Teilchen, das heißt Ebenen erkennen, und ihnen neue Namen geben müssen, weil sie sonst unserem Verstand nicht zugänglich sind und gegenüber anderen Menschen auch keinen Erkenntniswert zeigen. Gott sei Dank hält sich die Natur nicht an unsere Begriffe. Wir müssen immer wieder korrigieren, die Natur nicht. Es fließt auch weiter Energie vom höheren Potential zum niedrigeren höchstens mit unterschiedlichen Intervallen auf der Zeitachse. So löst das Wort Neutron in uns die Vorstellung einer Singularität aus. Hätten wir es anders genannt, würde dieser Eindruck erst gar nicht entstanden sein. Es ist aber nicht neutral, nur ein Arbeitsmodell. Wir müssten also Begriffe kreieren mit gleicher Wertigkeit. Das geht aber nicht, weil es keine abgeschlossenen Entitäten gibt. Wir brauchen also für unsere Erkenntnisse durch unsere Sinnesorgane typische unverwechselbare Zeichen als Arbeitsmodell. Wir müssen uns aber immer im Klaren sein, dass diese Begriffe nicht absolut sein können, und immer wieder auf der Zeitachse versucht werden muss, sie zu falsifizieren. Die Folge dieser Vorstellung ist, dass wir versuchen müssen, eine möglichst hohe Gleichwertung zu erzielen. Die Lösung kennen wir, wenn es Ihnen auch nicht bewusst wird, der Computer und seine quasiexakte Programmierung. Der Unterschied zum Menschen und auch anderen Wesenheiten besteht darin, dass er keine Emotionen zeigt. Er ist zwar kreativ, aber nicht im Sinne von bewusster neuer Gestaltung. Er repliziert mit dem Mittel Eins und Null mit erstaunlicher Exaktheit, was wir eingegeben haben. Ich höre Sie lautstark protestieren. Eins und Null Singularitäten? Aber nein, beim Ein- und Ausschalten wird die Rückkopplung zum Nachbarn verändert. Sie baut sich ab oder auf, je nach unserer Entscheidung. Wegen der Trägheit der Masse entstehen immer Unterschiede auf der Zeitachse, Rückkopplungen sind zeitabhängig. Wir können auf dem Papier zwar Wellen aus Rechtecken darstellen, wir können sogar erkennen, dass unser Rechteck durch eine Ortverschiebung auf der Zeitachse erfolgt. Wir können sogar beweisen, dass unser Geist Energie ist, denn wir sehen, dass unser Geist eine Reaktion auslösen kann, also mit der Energie oder Materie rückkoppelt. Logisch ergibt sich auch, dass der Anstieg einer Kurve nicht 90 Grad sein kann, also immer gedämpft etwas kleiner auf der Zeitachse sein muss oder auch etwas kleiner je nach dem welche Rückkopplungen zum Umfeld bestehen. Denkfehler? Sie können selbst keine eigene Kurve malen. Die Rückkopplungen nach außen werden Ihre Hand mitbewegen, beziehungsweise die Zeitachse unter Ihnen. Bei unserer Betrachtung von immer kleiner werdenden Quanten, die in sich rückgekoppelt sind, stoßen wir an die Grenzen unserer Vorstellungskraft. Es tritt, wie in der Physik und Mathematik der Begriff „unendlich" auf. Es ist klar, je kleiner die betrachtete Energiemenge ist, je geringer ist ja auch ihre Rückkopplung, aber sie bleibt immer. Ohne Differenzierung kann es keine Entitäten geben und ohne Entitäten keine Kreativität. Dass heißt im Umkehrschluss, ohne Schöpfer kann es keine Schöpfung geben und ohne Schöpfung keinen Schöpfer. Denken Sie an den Vergleich, ohne Menschen kein Parlament. Die Vermutung der Richtigkeit zeigt uns immer wieder das Leben. Ein Kunstwerk ohne Künstler ist schier undenkbar, was allerdings nichts über die Wertigkeit aussagt. Ich möchte nicht ins Theologische abschweifen. Aber so viel kann man doch wohl sagen, wir erkennen Dinge gleich welcher Art und Vielfalt. Wenn es diese Dinge also gibt, müssen sie erschaffen worden sein. Das setzt wieder einen Schöpfer voraus gleichviel wir ihn auch vermenschlichen. Auch Gott braucht wohl eine Reflexion, warum sollte er die Welt sonst erschaffen haben? Beide zusammen sind keine Singularität, sie sind miteinander rückgekoppelt.

Nach allem Gesagten haben wir das erste Postulat hoffentlich richtig abgehandelt. Wir werden im weiteren Verlauf immer wieder Querverbindungen herstellen müssen, da ja alles rückgekoppelt sein muss. Wir müssen vor allem auch immer wieder die Wertigkeit der Dinge im Auge behalten.

Wollen wir nun darangehen, ein Bild aus Quanten zu entwerfen. Den Mut dazu können wir nur haben, wenn wir unsere Modelle immer wieder an der Realität messen können und zu falsifizieren versuchen. Jedes Modell unseres Geistes wird lückenhaft und ungenau sein, aber es muss im Prinzip richtig sein. Alles im Schöpfungsakt liegt ja perfekt vor, wenn wir es auch oft nicht so in seiner Globalität erkennen können. Welche Eigenschaften muss uns ein Quant zeigen, damit uns sein Sein und seine Funktion logisch erscheinen?

Wir haben uns schon ein Grundmedium vorgestellt was wir Energie nennen. Wäre dieses Medium ein einziger Block, also eine Singularität, so könnte es nur dieses geben. Es könnte aber nicht nachgewiesen werden, denn wir brauchen ja zur Erkennung immer eine Differenz. Da wir aber etwas wahrnehmen, müssen wir davon ausgehen, dass dieses Riesenmedium in Stücke geteilt sein muss, die wieder aneinander gekoppelt sein müssen. Was war erst, das Medium und später die Teilung oder beides gleichzeitig? Es muss gleichzeitig gewesen sein, sonst hätte es ja eine Singularität gegeben. Schon wieder hängen wir am Begriff Zeit fest mit einem Anfang. Zeit kann es aber in diesem Sinn nicht geben, wenn keine Differenzierung vorliegt, also mindestens zwei Entitäten vorhanden sind. Das führt uns zu dem Schluss, dass das eine ohne das andere nicht sein kann, also auch keine Zeit. Zeit ist nur eine Ortsbestimmung, Wenn wir Zeit so sehen, lösen sich unsere Probleme auf. Nach welchen Regeln und Gesichtspunkten müssen wir die Zerteilung, also Quantelung in kleine Pakete, betrachten? Schauen wir in die Natur. Alles äußert sich offensichtlich in drei Achsen auf der Zeitachse, wie Einstein es auch erkannte. Die Mathematik fängt schon mit einem groben Fehler an. Sie postuliert eine Nulldimension, eine Eindimension, eine Zweidimension, eine Dreidimension. Als Denkmodelle können noch viele hinzukommen. Falsch daran ist, es kann weder null, noch eins, noch zwei Dimensionen geben, sondern nur drei, denn wenn wir von Länge mal Breite mal Höhe nur eine nach der Mathematik gleich null setzen, ist alles null. Ich möchte beweisen, dass sich alles aus den drei Dimensionen und der Zeit erklären lässt mit Hilfe der Quanten, die Max Planck, Albert Einstein und andere erkennungsreif erarbeitet haben. Die Energie eines Quants muss auf die drei Raumachsen verteilt sein, bevor die sich daraus ergebende Entität auf die Zeitachse geschickt werden kann. Wir haben schon mal postuliert, dass ein Quant niemals ein geschlossenes System sein kann, immer ein offenes. Es würde sonst eine Singularität sein ohne Verbindung zum Umfeld. Es muss einen Dualismus in sich tragen. Es muss eine sehr starke und eine deutlich schwächere Energieverteilung haben, aber nach welchen Gesichtspunkten? Hierin liegt das große Schöpfungsgeheimnis. Ohne Quantelung kein Kosmos! Schauen wir in die Natur, sehen wir sofort die Lösung. Wenn Sie einen Gegenstand in zwei Teile zertrennen wollen, geht das nur, wenn Sie Energie zwischen die Trennstelle bringen. Das spüren Sie ja auch bei jedem Trennvorgang (Aktivierungsenergie). Zwischen die beiden getrennten Stücke muss ein Medium eingefügt werden, sonst würden sich die beiden Teile wieder verbinden, wenn gleiche Rückkopplung wie vor der Trennung bestände. Eine Trennung kann nur erfolgen, wenn die dazwischen geschobene Energie kleiner oder auch größer ist. Die Natur bevorzugt eine schwächere, ich möchte sie Hüllenergie nennen. Wäre die dazwischengebrachte Energie stärker als die der getrennten Entitäten, so würde sich nur der Prozess umkehren. Die dazwischen gefügte Energie würde ein Energiegefälle zur Ursprungsentität erhalten. Dieser Vorgang ist ein sine qua non. Wenn wir das in Bezug auf ein Quant erkannt haben, stellt sich die Frage nach dem Energiegehalt und der Energieverteilung eines Quants auf den drei Raumachsen. Erschwerend kommt hinzu, dass wir Rotationselemente nicht vergessen dürfen. Kann das Bohrsche Modell diese Bedingungen erfüllen? Ich habe lange aus Ehrfurcht vor dem großen Niels Bohr gezögert, die Antwort nein zu sagen. Den Ausschlag gab letztlich ein Traum, eine Vision, wie man es auch immer nennen mag. Es war eine nonverbale Verbindung zu Bohr etwa so: „Ich kenne dein Problem. Du wirst es tun auch in meinem Sinne. Mein Modell hat gute Dienste geleistet, aber es stößt jetzt an seine Grenzen, die ich nicht mehr tragen möchte. Also stoße es vom Sockel. Der König ist tot, es lebe der König". Was hatte er gemeint oder was bedeutete der Traum. Das Bohrsche Modell sah einen starken positiven Kern vor mit umgebenden negativen Elektronen, zunächst auf starren Bahnen, später auf wahrscheinlichen, was schon erkennen lässt, dass ein Denkfehler vorlag. Es ergaben sich daraus lauter

Singularitäten. Welche Beziehung bestand dann zu den Nachbaratomen? Positiv und positiv stoßen sich ab, negativ und negativ stoßen sich ab, positiv und negativ ziehen sich an. Nur ein positiver Kern mit negativen Elektronen kann eine Einheit bilden. Wenn sich aber die äußeren Elektronen der benachbarten Atome jeweils abstoßen, müsste sich alles auseinander bewegen. Jedes Atom hätte einen Impuls nach außen, keinen Sog zum Zusammenhalt. Das Modell muss also nach unseren Beobachtungen der Umwelt falsch sein, es ist auf Singularitäten aufgebaut. Wir werden gleich sehen, wie einfach die Verhältnisse wirklich sind, wenn wir keine verschiedenen Grundelemente annehmen. Wir wollen uns noch mal ganz exakt die Energieverhältnisse in und um ein Quant vor Augen halten, da wir dabei sind, einen großen Denkfehler zu machen. Betrachten wir noch mal das Bohrsche Modell. Wir sehen den Kern als positiv. Das ruft in uns die Vermutung hervor, je mehr Energie im Kern ist, umso größer wird er. Es ist aber genau umgekehrt, die Energie ist nicht nach außen gekehrt, sondern nach innen. Wir kennen es auch unter dem Begriff Konzentration. Später werden wir die Tragweite am Begriff des schwarzen Lochs wiederfinden. Der Kern ist nicht positiv, er kann es nur gegenüber der Umgebung sein, wenn nämlich diese weniger Energie gegenüber dem Kern enthält. Also ist positiv und negativ eine Relativitätserklärung und muss zu Missverständnissen führen. Alle Betrachtungen müssen in dieser Art untergebracht werden, gleich ob Quant, Atom oder Molekül. Die Quantelung ist der größte Schöpfungsakt des Kosmos. Wie könnte nun diese Quantelung energetisch aussehen? Wir haben eben den Zusammenhang der Atomkerne betrachtet. Was ist nun mit den Elektronen. Wir arbeiten erfolgreich auf der ganzen Welt mit ihnen. Gott sei Dank braucht sich die Natur nicht nach unseren Denkmodellen zu richten. Natürlich kann es keine negativen Elektronen geben. Sie unterliegen den gleichen Voraussetzungen wie die Atomkerne auch, nur auf anderen Energieniveaus. Quanten höherer Energie fließen immer nach den Gesetzen der Thermodynamik zum niedrigeren Niveau. Wichtig ist für unser Quantenmodell nur, dass sich die Quanten, gleich auf welcher Energieebene, von einander energetisch unterscheiden. Ein Atom, um noch mal diesen Begriff zu nutzen, will seine Existenz auf der Zeitachse erhalten. Nach Clausius ist ihm der Wärmetod beschert. Will es überleben, muss es den zum Existenzerhalt notwendigen Energieverlust wieder ersetzen, den es nur aus der Nachbarschaft entnehmen kann. Wir müssen also ein Denkmodell entwickeln, über den dieser Weg zu erkennen ist. Nach meinen Vorstellungen könnte dieser Weg so aussehen. Die Vorstellung, dass das über diskrete Energiepakete geht, gibt uns Hoffnung und Chance. Mein Denkmodell ist sicher so begrenzt wie das von Bohr, aber es könnte eine Richtung neuen Denkens sein, das die Wissenschaftler der Zukunft erarbeiten können.

Stellen Sie sich eine beliebig große homogene Raumeinheit vor. Die Quantelung besteht dann darin, dass sich der größte Teil der Energie auf einen winzig kleinen Kern reduziert. Der übrige Raumteil bleibt mit weniger Energie und Rückkopplung zurück. Wie das geschehen kann, lässt sich nur über einen Schöpfer erklären mit einer unermesslichen Kreativität. Hätte er sie nicht, würde es uns wahrscheinlich nicht geben. Jeder Kern eines Quants hat seine Hüllenergie, über die er vorwiegend reagiert, so dass die Rückkopplung von Kern und Hüllenergie eine Vielfalt von Entitäten entstehen lassen kann. Erklären, wie aber diese Energieverteilung erfolgt, können wir nicht. Aus unserer Naturbetrachtung sehen wir, dass sich Energie und Materie immer dreidimensional auf der Zeitachse darstellt. Daraus können wir schließen, dass auch in einem Quant die Energie dreidimensional verteilt sein muss je nach Rückkopplung. Nach unserer Logik muss die Energie dann auf den drei Raumachsen auch gequantelt sein in quasiexakten Paketen. Was fällt uns auf? Wir könnten die Wellentheorie heranziehen, denn diese zeigt ja unterschiedliche Energiepakete mit den unterschiedlichsten Frequenzen und damit weitere unbegrenzte und neue Kombinationsmöglichkeiten. Logische Konsequenz aus unserer Konstellation ist, die Energie auf unseren Quantenachsen muss auch wieder gequantelt sein bis hinunter zu dem Punkt, wo Energieausgleich stattfindet. Genaues Messen dieser Werte werden wir wohl nie erreichen, da jedes Messinstrument durch seine eigene Masse und Rückkopplung immer nur Quasiwerte anzeigen kann. Letztlich sind wir wieder vom Wissen oder Vermuten beim Glauben angelangt.

Machen wir einen kühnen Gedankensprung und bewegen uns auf den Weg der Spekulation, dessen wir uns aber immer bewusst sein müssen, wenn er auch logisch erscheinen mag. Das von Max Planck erkannte Quant auf atomarer Größe setzt sich zusammen aus immer kleiner werdenden Quanten auf kleineren Ebenen jeweils auf den uns bekannten drei Raumebenen und behandeln sie als Wellen. Dann tritt doch auf jeder Raumachse eine Welle auf mit den bekannten Eigenschaften Wellenlänge, Frequenz und Amplitude. Jedes Wellenpaket rückkoppelt mit der Umgebung und wird brav gedämpft bis zum Gleichgewicht. Wird uns jetzt nicht deutlich, was uns für unendlich viele Rückkopplungen in einer Zeiteinheit begegnen, so dass wir die Trägheit der Masse geradezu postulieren müssten, hätten wir sie nicht schon vorher erkannt mit den geschichtlichen Schwierigkeiten, die sie den Physikern brachte. Merken Sie, wie wir uns immer mehr der vereinheitlichten Theorie nähern? Die Newtonsche Mechanik geht in die Maxwellschen Anschauungen über und lässt sich über die Quanten zur Gravitation ergänzen. Alles baut sich aus Quanten auf und lässt sich umgekehrt von einer großen Entität wieder auf kleine Quanten zurückführen. Ergänzend sollten wir noch hinzufügen, um einem Denkfehler zuvor zu kommen, dass die Beziehungen zwischen elektrischem Feld und Magnetfeld dem Gravitationsbegriff nicht im Wege stehen.

Wenn Sie mir bisher gefolgt sind und auch widerspruchslos folgen konnten, dann bedanke ich mich ganz herzlich bei Ihnen. Ich bin überzeugt, dass Sie jetzt das Rüstzeug haben und auch das Verlangen, Ihren Weg alleine weiter zu gehen. Denn was ich aufgeführt habe, ist nur der formale Teil, die Grundlage, der Boden auf dem Sie sich fortbewegen können. Sie glauben vielleicht, dass ich Mathematik gering schätze? Mit Nichten, ohne sie könnten Sie keine Entitäten bilden, denn das ist doch, was wir gesucht haben, das Material und das Werkzeug, es zu bearbeiten und es der Menschheit zugänglich zu machen, zu verstehen, welche Vielfalt der Schöpfer uns in seinem Schöpfungsakt preisgibt.

Wir werden jetzt ein wenig ausruhen, um unsere Theorie in der realen Welt nachzuweisen und zu bestätigen. Wir müssen uns bewusst bleiben, dass wegen der ewigen Rückkopplungen leicht Fehler auftreten können. Unser Dasein zeigt, dass wir trotz dieser Fehler zum Ziel kommen und das sollte uns Erfolg genug sein.

Fassen wir mal kurz zusammen, was wir bisher erarbeitet haben.

Wir haben einen Schöpfer postuliert, denn ohne Schöpfer keine Schöpfung, die wir ja real erkennen. Erinnern wir uns noch mal an den Vergleich, ohne Menschen kein Parlament. Wir haben Dank Max Planck die Quantelung erkannt, den Formalismus von Bindung und Trennung, die beide eins sind, dass beim Dualismus von beiden die Hüllenergie die bevorzugte und logische Art der Natur ist, aber immer nur zusammen vorkommen kann, also niemals eine Singularität möglich ist. Wie das geschieht, wird wohl immer das Geheimnis des Schöpfers bleiben. Das es aber so ist, können wir im täglichen Leben erfahren. Wie wir es erfahren, ist Sache der Sinnesorgane und der Verarbeitung im Gehirn, die leider unvollständig ist und wohl auch sein muss. Wir haben ein Modell entwickelt auf der Basis von Raum und Zeit, wie Einstein es fordert. Wir haben die mechanischen

Gesetze von Newton verbunden mit den Maxwellschen Gleichungen und schließlich über die Quanten, die alles verbindende Gravitation zu erklären versucht, und müssen nun auf eine noch höhere Ebene steigen, das Bewusstsein zu erlangen und die Vorstellung, welche Eigenschaften der Schöpfer an unseren Sinnesorganen und auch unserem Gehirn verkörpert.

Bevor wir beginnen, meine Theorie zu verifizieren beziehungsweise zu falsifizieren, wollen wir zur Übung und auch zur Vorbereitung eine richtige Rückkopplungskette durchspielen. Beugung und Brechung mit gedämpften Wellen. Dazu wollen wir das Doppelspaltexperiment benutzen, für das Einstein den Nobelpreis erhalten hat.

Stellen wir uns eine massive stark in sich rückkoppelnde Wand vor mit zwei schmalen, parallelen Schlitzen auf die wir Licht fallen lassen. Hinter dieser Wand sei es dunkel, habe also zur Vorderwand eine geringere Energie. Energiedifferenzen suchen immer einen Ausgleich zum niedrigeren Niveau, das heißt, der Lichtimpuls wird von dem dunkeln und weniger energievollen Raum angesogen bis zum Ausgleich. Das Licht, was auf die Trennwand fällt, wird reflektiert oder absorbiert. Es spielt im Gesamtgeschehen natürlich eine Rolle, besonders bei Absorption, weil dadurch die Wand erwärmt wird und neue Rückkopplungen entstehen. Was passiert an den Schlitzen hinter denen sich eine geringere Energiedichte befindet. Die Lichtquanten werden wie gesagt in den dunkleren Raum gesogen und werden sich nach dem Durchtritt ausdehnen können und andere Rückkopplungen eingehen müssen. Hier erkennen wir wieder einmal, dass ein Quant keine Singularität sein kann, es nimmt Energie auf und gibt wieder ab. Was passiert aber an den Schlitzen selber? Das durchfliegende Quant erfährt ja auch an den Schlitzen selbst Rückkopplungen, die außerdem noch eine Richtungsänderung des Quants hervorrufen. Je nachdem wo das Quant den Schlitz durchquert, wird es mehr oder weniger stark abgelenkt, am Rande mehr, in der Mitte weniger mit jeweiliger Zeitverzögerung. Bei der Masse der Quanten, die durch den Schlitz gelangen, muss das Licht aufgefächert werden. Nimmt man jetzt zwei Schlitze nebeneinander, müssen die jetzt zeitverschobenen Quanten wie träge Masse interferieren, was wir an den Interferenzmustern erkennen. Das gleiche Ergebnis vom Prinzip her müssten wir auch bei Materieteilchen sehen, nur auf höheren Ebenen. Interferieren Quanten zu null, so sind sie für uns und unsere Messgeräte nicht zu erkennen. Das heißt aber nicht, dass Null Nichts bedeutet, wie wir ja schon zuvor erkannt haben. Von dieser Fehldeutung erfahren wir allzu oft. Wenn wir, wie die Astronomen sagen, nur 6 % des Kosmos erkennen, dann heißt das, dass 94 % interferieren oder zu schwach sind, um erkannt zu werden. Wir wollen hier noch einen neuen Begriff einführen, der eigentlich auf die nächsthöhere Ebene gehört, uns jedoch zum jetzigen Zeitpunkt das Zukunftsdenken wesentlich erleichtern wird. Es ist nur ein Sonderfall der Rückkopplung, die Replikation. Wir brauchen sie, um die Lichtbrechung, Beugung oder Reflexion zu verstehen. Es ist die Entstehung gleicher Entitäten vom kleinsten Quant bis zu großen Entitäten wie das Meer. Es würde keinen Sinn machen, wenn alles eine Singularität wäre. Die Bildung von Entitäten nach gleichem Grundmuster gibt uns das Verständnis vom Aufbau von Atomen oder Molekülen. Ein Quant jeder Replikation hat die Energie auf alle drei Raumachsen und der Zeitachse quasi gleich verteilt, soweit nicht von außen beeinflusst. Somit entstehen auch gleiche Richtungen, über die Veränderungen oder Energiedifferenzen weitergeleitet werden können. Besonders die Schnelligkeit der Weiterleitung wird erheblich beschleunigt, da sich keine großen Rückkopplungen ereignen müssen. Dem zu Folge sind manche Ereignisse auf der Zeitachse schon in der Zukunft, während die langsameren Rückkopplungen für uns noch in der Gegenwart sind. So erklärt sich auch, dass Vergangenheit, Gegenwart und Zukunft eine Einheit in der Quantelung sind, aber keine Singularitäten. Wir können mit großer Sicherheit sagen, dass der Kölner Dom auch Morgen noch existiert, selbst wenn er von Terroristen in die Luft gesprengt würde, der Begriff Kölner Dom bliebe noch über längere Zeit auf der Zeitachse erhalten, solange die Entropie den Nullwert nicht erreicht hat.

Damit sind wir schon mitten drin im Aufbau und der Erklärung meiner Theorie. Ich kann nachfolgend nur Beispiele bringen exemplarisch für einzelne Bereiche. Wir können Beispiele unendlich ausweiten, es würde nur verwirren. Ich möchte bei uns Menschen beginnen, da wir die Dinge an uns am besten erproben können. Später werden wir über den Mikro- und Makrokosmos zu sprechen haben. Wir haben schon mal den Begriff der Biologen: Erhalt im Durchsatz verwendet. Ein Mensch kann nur entstehen und auf der Zeitachse eine gewisse Zeit erhalten bleiben, wenn ihm Energie zugefügt und wieder abgenommen wird. Ich habe schon mal behauptet, dass es ein Ich nicht geben kann (Singularität). Mit jedem Atemzug sind wir ein anderer. Nur unsere Sinnesorgane lassen uns das nicht erkennen. Es besteht die Realität, aber wir können sie nicht wahrnehmen. Wir haben aber auch einen „siebten Sinn", manche sogar mehr. Wo liegt unser Denkfehler? Wenn denn alles miteinander rückkoppelt, dann prägt uns auch der direkte Einfluss von außen auf das Gehirn, also nicht nur über die Sinnesorgane. Jeder von uns kennt das. Wir haben Empfindungen und Gefühle, die wir nicht über die üblichen Sinnesorgane bekommen. Frauen sind darin besser als Männer, sie reagieren aus dem Bauch heraus. Woran liegt das? Ihre Sinnesorgane sind deutlich empfindlicher. Bildlich gesehen, sie nehmen noch Wellenamplituden wahr, also eine Intensität, von denen Männer nur träumen können. Daher werden Männer Frauen auch nie verstehen können. Diese Sensibilität ist bei manchen Wesen so ausgeprägt, dass sie die Rückkopplung zur Zukunft schon erkennen, wie der Bahnhofsvorsteher auf den Schienen, denn sie ist ja schon da. So hat Wahrsagen eine einfache, ganz natürliche Erklärung. Paranormales Geschehen wird durch Rückkopplung mit nur geringer Energieintensität erklärbar und so ihre Fehldeutung verständlich, wenn das Empfangsorgan auf diesem Wege nicht mehr stark genug zur richtigen Deutung ausreicht. Natürlich Vorsicht vor Scharlatanen! Es gibt nur sehr wenige, die diese Gabe haben. Ich muss mich immer wieder wundern über die Ablehnung von Dingen, die Physiker machen, indem sie Experimente an Probanden vorstellen, die so auch gar nicht vom Experimentaufbau funktionieren können. Sie verhöhnen Menschen, die selber nicht wissen, warum sie dieses oder jenes können. Der teilweise Erfolg dieser paranormalen Menschen zeigt doch im Umkehrschluss, dass es diese Dinge zumindest geben könnte. Nehmen wir einmal das viel belächelte Wünschelrutengängertum. Diese Menschen sprechen von Wasseradern, nicht von stehendem Wasser. Fließendes Wasser erzeugt aber durch die Rückkopplungen ein elektromagnetisches Feld, was wahrzunehmen sein müsste, wenn wir nur die entsprechend empfindlichen Sinnesorgane oder Messinstrumente hätten. Wenn dann die Wünschelrute ausschlägt, ist das doch von sekundärer Bedeutung. Vom Hirn geht ein Impuls aus, gleich welcher Art er auch sein mag, der sich in Bewegung umsetzt. Wir brauchen in der Physik ja auch Messmethoden zur Erkennung wie Zeigerausschlag, Schwärzung von Photoplatten oder Blasenkammern. Also falsifizieren auch in den eigenen Reihen, nicht vorverurteilen. Nicht alles ist richtig, was gelehrt wird.

Sprechen wir über die Erderwärmung, die zurzeit die Welt bewegt. Wir handeln nach Emotionen, nicht nach Wissen und schließlich wieder nur nach Macht und Geld. Sollte Kohlendioxid wirklich der einzige Faktor sein? Was ist an die Stelle des Ozons getreten? Welche anderen physikalischen und chemischen Eigenschaften hat der „Ersatz" zum Ozon besonders an den Polen und warum gerade dort? Ein Vakuum haben wir ja erkannt, kann es nicht geben. Da die

Entropie von alleine schon einen Energiefluss in Richtung geringerer Energiedichte betreibt, muss sich die Lücke wieder schließen, selbst, wenn die Zentrifugalkraft der Erde einbezogen wird. Welchen Einfluss hat etwa das Ersatzmedium auf die Corioliskräfte oder auch die Meeresströmungen? Alles schon geklärt? Kohlendioxid ist schuld! Ich will nicht sagen, dass wir warten sollen, bis die Wissenschaft das geklärt hat. Aber wir sollten multifaktoriell forschen, damit wir keine Zeit verlieren. Die Umwelt zu schonen, muss immer unser Ziel sein und, wenn wir etwas Neues kreieren, sollten wir es zuvor auf seine Umweltverträglichkeit prüfen schon wegen unserer Gesundheit. Sollten wir nicht hingehen unter möglichst exakter Ausschaltung der Erdatmosphäre mit ihren starken Rückkopplungen, die einstrahlende Energie der Sonne auf der Zeitachse kontinuierlich zu messen? Es dürfte doch kein großes Problem sein, einen Energieeinfallsmesser in Satelliten einzubauen und fortlaufend an konstanten Orten die Energiemenge zu messen. Wir sehen doch an den riesigen Protuberanzen der Sonnenoberfläche, welche Energie in der Zeiteinheit unterschiedlich ins Weltall gestoßen wird. Die Schmelzwasserwärme ist doch im Verhältnis zu den riesigen Sonnenenergien relativ gering. Ich möchte nicht behaupten, dass das Erderwärmungsproblem so ganz falsch gesehen wird, denn wir und unzählige andere Lebewesen können nur in einer biologischen Nische leben. Wird diese zum Beispiel durch Wärme geschädigt, so ist das auch lokal von Bedeutung und kann zum Aussterben führen. Der Kosmos wird weiter bestehen, aber die Lebensnischen für Mensch, Tier und Pflanzen können zu Grunde gehen. Es werden sich neue Nischen bilden mit Wesen, die sich darin erhalten können. Vielleicht will der Schöpfer das und belegt uns mit Dummheit und Verständnislosigkeit, die Probleme zu erkennen.

Sollten wir die Erderwärmung nicht mal logisch betrachten statt am Symptom zu basteln? Ich kann nicht verstehen, dass unter Milliarden Menschen und unzähligen hochintelligenten Wissenschaftlern keiner die Zusammenhänge richtig erkennt und auch richtig gewichtet.

Ich möchte es mit einem Pendel erklären. Hängt ein Pendel senkrecht nach unten, ist es im Gleichgewicht und wird sich aus dieser Lage alleine nicht mehr befreien können. Es braucht eine Aktivierungsenergie von außen, um zu schwingen. Geben wir ihm diese Energie, so wird diese von potentieller Energie im höchsten Punkt über kinetische Energie mit Maximum ganz unten zur anderen Seite wieder in potentielle Energie umgewandelt. Das geht so lange bis diese Aktivierungsenergie der Entropie verfallen ist. Wichtig für uns ist die Feststellung, dass wir kinetische Energie, also Wärme, in potenzielle Energie, also vorwiegend Materie umwandeln können. Wir werden gleich sehen wie und wie relativ einfach. Was haben wir vor allem in den letzten hundert Jahren falsch gemacht und auch aus Profitgier nicht sehen wollen. Wir haben unsere Ressourcen rücksichtslos ausgebeutet ohne Gedanken an die Zukunft, die Reserven wieder aufzufüllen. Wir wissen um das Problem und hoffen wieder neue Energien zu finden. Neue Energien können nie die Lösung sein, denn sie verbrauchen sich auch wie Uran mit dem wir uns wieder abhängig machen abgesehen von den Risiken. Wir müssen kinetische Energie in potentielle Energie umwandeln. Wenn die Erde sich erwärmt, ist das doch ein Zeichen, dass wir zu viel kinetische Energie haben, die meist wohl von der Sonne und den verbrannten wertvollen, nicht zu ersetzenden Erdölen stammen. Die alternativen Energien können das Problem nicht lösen, denn sie wandeln kinetische Energie nur kurz in potentielle um, um sie gleich wieder in kinetische Energie zurück zu verwandeln. Das soll nicht heißen, dass wir alternative Methoden nicht nutzen sollen. Sie sparen schließlich Gas und Erdöl ein. Die Nutzung von Raps oder Mais zur Kraftstoffgewinnung ist ein Verbrechen an der hungernden Welt. Zudem wird durch die riesigen kurzlebigen Monokulturen wieder neue kinetische Energie erzeugt. Kommt denn keiner auf die Idee, dass Wirbelstürme und Überflutungen hausgemacht sind? Der Wind hat fast keine Angriffsflächen, die ihn bremsen und die höhere Temperatur lässt mehr und schneller Wasser verdunsten, was durch Bäume gehalten worden wäre. Sie sehen worauf ich hinaus will. Die Lösung des Problems der Erderwärmung ist Speicherung von kinetischer Energie durch die Natur selbst. Andere Methoden wären nicht bezahlbar und arbeitsintensiv. Wir müssen also Bäume für die Zukunft pflanzen. Was macht ein Baum? Er speichert kinetische Energie für die Zukunft, die Zukunft unserer Kinder und Enkelkinder. Er speichert das verflixte CO_2 und Wasser, das uns Überschwemmungen bringt. Kann es da richtig sein, CO_2 zu verdammen, wenn die Bäume es zu ihrem Leben brauchen. Wollen wir jetzt noch den Bäumen den Lebensunterhalt nehmen und unsere Umwelt noch mehr zerstören? Wollen wir nicht endlich anfangen, nicht nur zu reden, sondern auch neue Reserven für die Zukunft zu schaffen aus überschüssiger kinetischer Energie der Sonne und unserem Fehlverhalten? Wenn die Menschen den Regenwald zerstören, auch wenn zu ihrem Lebenserhalt, dann müssen wir hier an jedem möglichen Ort Bäume pflanzen. Tun Sie es! Ritzen Sie in die Rinde ein Pendel ein als Zeichen, dass Sie etwas für die Umwelt getan haben. Sie werden später stolz auf Ihr Verhalten sein und Ihren Enkeln das Pendelzeichen mit Ihren Initialen zeigen und den Hintergrund erklären. Es wird Zeit, etwas zu tun und Sie sind gefordert. Warten Sie nicht auf die Politik, schauen Sie nur, was bisher in Jahren geschehen ist.

Vielleicht ist Ihnen aufgefallen, dass wir so richtig eine Ebene höher geklettert sind. Bisher haben wir die allgemeinen Prinzipien der Natur gesehen nach denen sich Entitäten bilden können. Bis zu diesem Zeitpunkt kann auch der Computer mithalten, sogar besser und fehlerfreier als wir. Jetzt müssen wir aber mit dieser Grundlagenerkenntnis den Weg finden, kreativ Entitäten zu bilden nach dem Vorbild des Schöpfers. Wir sollten dem Schöpfer über die Schulter schauen, wie er es gemacht hat und auch noch immer macht. Der Schöpfungsakt geht weiter mit einer so banalen Selbstverständlichkeit, für uns mit noch größerer Geisteskraft, immer auf der Suche nach Erkenntnis. Wir haben das deprimierende Gefühl, falsifiziert zu werden, aber auch das positive Erlebnis, Falsches abgestreift zu haben. Das steigert unser Selbstwertgefühl und macht Freude, dem Schöpfer etwas näher gekommen zu sein.

Wir wollten an Beispielen üben, den Schöpfungsakt auf einigen Wegen zu gehen, um zu erkennen, dass alles rückgekoppelt ist, dass auch andere Wege, nicht nur einer, zum Ziel führen kann, und damit existent und nachvollziehbar ist. Wir sollten uns hüten, andere Ergebnisse unserer Forschung als falsch abzutun, sie lieber benutzen, uns selbst in Frage zu stellen.

Wir hatten gesagt, dass wir unseren Körper und Geist als reale Versuchsobjekte benutzen wollen, die Rückkopplungen sachlich und auch folgerichtig darzustellen. Wir brauchen Länge x Breite x Höhe x Zeit, sowie die Intensität und Verteilung der Energie auf diesen vier Achsen. Wir haben die Einschränkungen zu erkennen, die unsere Sinnesorgane haben, sie zu überwinden und somit Fehler zu vermeiden. Wie können wir das bewerkstelligen? Wir arbeiten schon dauernd damit, ohne uns über das Ausmaß seiner Bedeutung klar zu werden. Ich hatte schon mal gefrotzelt, dass Einstein jetzt wohl Gott am Computer sitzen sähe, um neue Programme zu schreiben, aber nicht um zu würfeln. Er hätte wohl nicht mehr die Schwierigkeit wie zuvor, zwischen einer Singularität und ewiger Rückkopplung in vollem Maße zu unterscheiden.

Ich höre Sie jetzt protestieren, dass ich wieder zu Singularitäten der Mathematik komme. Nein, tue ich nicht. Die Zahlen, die ich hier brauche, beziehen sich nur auf Begriffe, wie Tisch, Stuhl, Lampe und so weiter, die ja eindeutig keine Singularitäten sind Ich hatte schon vorher am Beispiel des Quants den Vergleich mit Kartoffeln angeführt. In einem Sack

Kartoffeln können bei Angabe des Gewichts eine unterschiedliche Zahl von Kartoffeln sein. Umgekehrt hat eine bestimmte Zahl von Kartoffeln immer ein unterschiedliches Gewicht. Wir müssen uns immer wieder der Betrachtungsgrößen bewusst werden, die wir leicht übersehen. Hier sind Zahlen eine Aufzählung und darin ist die Mathematik nun mal unübertroffen.

Welche Rückkopplungen beim Menschen sollten wir nehmen, um unsere vereinheitlichte Theorie glaubhaft zu machen? Bewegungen und Handlungen sind zu komplex und werden auch von Medizinern nicht verstanden. Ich würde sagen, wir nehmen einige mehr unauffällige Dinge, über die wir so gar nicht richtig nachdenken wie Hunger, Durst, Freude, Leid, Schlaf, Befriedigung, Ablehnung oder dergleichen. Haben Sie sich schon mal gefragt, warum Menschen sich die Hand geben, sich umarmen, Verliebte sich küssen oder sonstige körperliche Kontakte aufnehmen oder auch umgekehrt Berührungsängste haben? Was steckt dahinter? Durch Berührung erfolgt ein mehr oder weniger starker Energieaustausch zwischen zwei Menschen in Richtung Harmonie wie auch sonst bei der Begegnung von zwei Entitäten, die sich rückkoppeln zum Energieausgleich. Können Sie sich vorstellen, dass sich Feinde vor der Schlacht in den Armen liegen und sich dann die Schädel einschlagen?

Parallelen finden sich im körperlichen und geistigen Bereich. Was sind diese Rückkopplungen wie Hunger und Durst? Es sind feste Programme von Bedarfsanmeldung oder Ablehnung zur Erhaltung oder Verbesserung der Daseinsqualität. Missachtung wird früher oder später zu Schäden oder sogar Tod führen. Würden die Menschen etwas mehr auf diese Rückkopplungen achten und sie dann auch befolgen, wären sie zumindest weniger krank. Nein, sie laufen zum Arzt, der die Verantwortung übernehmen soll und nehmen lieber Pillen zur Symptomunterdrückung statt zur logischen Ursachenbeseitigung. Woher soll der Arzt Ihr ganz persönliches Rückkopplungsprogramm kennen? Er wird dann so entscheiden, wie es der Stand der heutigen Medizin für richtig hält, bevor er sich in einen Rechtsstreit verwickeln lässt. Er wird aber nicht nach seiner Meinung zu Ihrem Wohl entscheiden, sondern nach der Auffassung der gängigen Schulmedizin. Sind Sie sich dessen bewusst? Ihre Behandlung wird von den Juristen bestimmt. Normalerweise möchte doch jeder eine eigene Persönlichkeit sein und kämpfen gegen jede Freiheitseinschränkung. Beim Arzt geben Sie sich aber zufrieden, wie ein Ding von der Stange behandelt zu werden. Alle paar Wochen gibt es eine neue todsichere Diät von angeblichen Ernährungsexperten. Das Wort Experte vertuscht leicht Unwissenheit oder nur angepauktes, nie in Frage gestelltes Wissen. Wenn ich dann die Floskel ausgewogene Ernährung höre, weiß ich, es ist wieder mal das Übliche. Ausgewogen zu was? Dann kommen konkrete Angaben, die nicht bewiesen sind und erst nicht für die Vielfältigkeiten der einzelnen Menschen. Hören Sie zunächst in sich hinein, aber nicht hysterisch, die Antworten sind oft ganz offensichtlich. Wir zweifeln nur daran, weil sie von der öffentlichen Meinung anders propagiert werden, programmiert nicht wegen der Gesundheit, sondern nach Geld und Macht. Sie sind in einer misslichen Lage, weil Sie kein Experte in allen Fragen sein können. Sie sollten nur kritisch den Dingen gegenüber stehen und nicht jeder Werbung glauben.

Was ist Krankheit? Sie ist Fehlprogrammierung mit Störung der Gesamtfunktion von außen oder von innen. Hält diese Fehlprogrammierung über einen Zeitraum an, der sich nach der Entropie auf der Zeitachse richtet, versucht der Körper sein eigenes Programm zu ändern und anzupassen, was ihm nicht immer gelingt, besonders im Hinblick auf die Erhaltung auf der Zeitachse. Seine Vorbeugung, die meistens nicht erkennbar ist, ist die schnelle Bildung einer kräftigen Rückkopplung des gesamten Körpersystems in sich. Er erhöht die Rückkopplungsenergie im ganzen Bereich der Quanten im erkrankten Gebiet, also Erhöhung der Amplitude auf den Raumachsen. Ist eine von außen einfallende Energie allerdings stärker, müssen sich sofort neue Entitäten mit neuen Rückkopplungen bilden mitunter mit viel schlechterer Funktion zum Gesamtkörper. Vermehrte Energie auf den Raumachsen der Quanten löst vermehrte Replikation aus, eines der wichtigsten Programme der Natur. Ein Tropfen Wasser mag mitunter in einigen Fällen ausreichend sein, wird Ihren Durst aber nicht stillen. Erst durch die Replikation von Wassermolekülen, also mit gleicher Bauart in genügender Menge, wird Ihr Durst gestillt werden. Wie wir zuvor gesehen haben, ist durch die Rückkopplung die Zukunft schon vorproduziert und der Körper erkennt, wenn er genug getrunken hat. Da die Zeit einen Pfeil hat, also nur in die Richtung der Zukunft geht, ist es für den Körper fast unmöglich, wieder sein altes Programm komplett zurückzufinden, es sei denn, es würde exakt von außen wieder eingegeben. Eine Traumzukunft der Medizin. Verstehen Sie nun, warum es so schwer ist, ein geändertes Programm rückgängig zu machen. Das gilt für die Sucht, für Krebs oder auch für Psychosen, für Diabetes, Niereninsuffizienz, Ekzeme und so weiter, was wir üblich unter dem Begriff Autoimmunkrankheiten verstehen. Das führt auch in der Medizin zu der Schlussfolgerung, dass es nicht immer richtig ist, die alte Programmierung wieder herstellen zu wollen, sondern nach einem leicht zu findendem Ersatzprogramm. Bleiben wir ein wenig bei der Medizin, gehen aber in den Mikrokosmos zurück. Der Streit, ob wir Viren zu den Lebewesen oder unbelebter Natur zählen wollen, ist doch völlig uninteressant, denn alles kommt aus dem gleichen Grundmedium. Warum sollten wir es zerteilen nach Gesichtspunkten menschlicher Erkenntnis? Der Schöpfer hat sicherlich nicht den Kosmos erschaffen nur für uns Menschen und dessen früheren Glauben, der Mensch sei mit Gott der Mittelpunkt der Welt. Jede Entität ist nur Ausknospung aus dem Gesamten, also keine Singularität, so wie das Ganze keine Singularität sein kann. Das gilt für groß und klein. Haben Sie schon mal darüber nachgedacht, was wir Erkältungskrankheiten nennen? Kann Kälte krank machen? Sie entstehen doch durch Viren. Ja, sie kann. Warum? Gehen wir noch mal zurück zu den biologischen Nischen der Natur, die für alle Wesen unterschiedlich sind. Entziehen wir Mensch und Virus gleichermaßen Energie, die zum Erhalt der Entität auf der Zeitachse erforderlich ist, dann wird die Masse Mensch schneller an Energiemangel leiden als ein Virus. Das wissen wir ja auch aus der Praxis. Viren überstehen hohe Temperaturen, bei denen der Mensch schon tot wäre. Das gleiche gilt für Kälte. Das hängt mit der Rückkopplungsintensität der Quanten oder auch größeren Entitäten zusammen. Ehe der Mensch sein Abwehrsystem aufgebaut hat, hatten ja die Viren genügend Zeit sich ausgiebig zu vermehren. Es entsteht ein Ungleichgewicht zu Gunsten der Viren. Der menschliche Körper versucht jetzt Energie zu mobilisieren, um sein Immunsystem zu unterstützen. Er entwickelt Fieber. Aus der Chemie wissen wir, dass Reaktionen bei Erhöhung der Temperatur schneller ablaufen, natürlich auch bei den Viren. Es entsteht ein Wettlauf mit der Zeit, bis ein Gleichgewicht eintritt. Das kann zur Zerstörung der einen oder anderen Entität führen oder auch beider. Wie reagieren wir Menschen nun auf so einen Infekt? Wir versuchen, ein Virus nachzuweisen. Virus erkannt, Namen gegeben und nach althergebrachter, wenn auch immer wieder ineffizienter Weise, zu bekämpfen. Töten, töten, töten, oder sollten wir lieber sagen keulen, chemisch keulen. Hört sich moderner und notwendiger an. Warum reagieren wir so? Es ist immer wieder das gleiche Spiel. Mit dem Wort Virus setzt wieder unser Singularitätsdenken ein. Da liegt unser Denkfehler. Das Virus ist keine Singularität und somit muss unsere Forschung hier weitergehen. Wo kommt das Virus her, wo war es vorher, warum hat es uns, wenn es schon da war, nicht krank gemacht, wie sieht sein Programm aus, wie können wir aus dem genetischen Material von Mensch und Virus eine Symbiose schaffen, wobei beide auf der Zeitachse eine Überlebenschance haben ohne sich gegenseitig zu zerstören. Die Medizin fürchtet nicht ohne Grund, dass alte Krankheiten irgendwann wieder auftreten, wie wir aus der Seuchenangst bei Katastrophen wissen. Die Programme der Viren, Bakterien oder Pilze sind weiter unter uns und warten nur darauf, wieder aus dem Gleichgewicht gebracht zu werden. Wie könnte das geschehen? Ich möchte das wieder an dem Begriff, der Aktivierungsenergie klar machen. Ein Beispiel, das Sie alle kennen. Wir stellen eine Reihe Dominosteine auf. Sie werden so stehen bleiben, wenn keine Anstoßenergie von außen kommt. Wird der erste Stein aber angestoßen, tritt eine Kettenreaktion ein, die sich so lange fortsetzt, bis nicht mehr ausreichende Aktivierungsenergie vorhanden ist.

Es könnte also so bei einer Infektion ablaufen. Die Entität Mensch oder auch nur ein Organ oder dessen Teile hat eine relativ große Masse gegenüber den Infektionskeimen mit nur erheblich geringeren Rückkopplungen. Die Komplexität der menschlichen Masse braucht längere Zeit auf der Zeitachse als die Infektionskeime, um sich lebenserhaltend schnell zu vermehren. Wird dann die Aktivierungsenergie einmal überschritten, tritt eine Kettenreaktion über die Replikation ein. Unser Ziel muss es also sein, bevor die Aktivierungsenergie der Viren erreicht ist, noch schnell genügend Abwehrkräfte bereitzustellen oder auch vorher zu produzieren. Das kann über Abhärtung, Impfungen oder sonstige Aktivierungsmethoden sein. Dass es so ist, zeigt die Tatsache, dass viele Menschen nicht erkranken, obwohl sie sich infiziert haben müssten. Die Natur gibt uns viele Beispiele der Erklärung. Häufig wird uns das Raubtier-Beutemodell vorgestellt. Es vereinfacht, aber verdeutlicht das Prinzip, um was es geht. Sie haben einen Forellenteich, in den Sie einige Hechte setzen. Was passiert? Die Hechte haben einen Überfluss an Nahrung und werden sich entsprechend prächtig vermehren. Nach einiger Zeit haben sie sich jedoch so vermehrt, dass Nahrungsmangel auftritt und sich die Geburten- und Überlebensrate reduziert. Jetzt haben die jungen Forellen die Chance, sich wieder zu vermehren bis die Hechte erneut die Oberhand erhalten. Die Mathematiker sprechen dann von Torus oder Grenzzykeln. Das wollen wir nicht weiter vertiefen. Es ist nur entscheidend, dass sich am Ende beide Entitäten in ein Gleichgewicht schwingen. Beide Systeme überleben. Übertragen wir jetzt dieses System auf Mensch und Viren oder Bakterien, so müssen wir erkennen, dass wir Krankheitskeime nicht restlos vernichten können. Wir müssen in Symbiose mit ihnen leben immer auf der Hut, das Gleichgewicht nicht zu verletzen und auch die Aktivierungsenergie nicht zu erreichen. Wir haben ein neues Rückkopplungsprinzip erkannt, das sich vorwiegend auf der Zeitachse abspielt. Auf der anderen Seite sollen ja neue Entitäten entstehen, das heißt doch, dass Rückkopplungen aufgebrochen werden müssen. Um das zu erreichen, brauchen sie frische Energie von außen, denn aus sich heraus sind sie ja im Gleichgewicht. Dass sich neue Entitäten bilden, sehen wir ja im täglichen Leben. Woher kommt diese Energie? Ganz einfach, letztendlich von der Sonne oder anderer Energie aus dem Weltall sowie aus dem Erdinneren. Jedenfalls muss die Energie von außen kommen und so stark sein, Rückkopplungen zu spalten. Ein offensichtliches Beispiel sind die vier Jahreszeiten. Im Frühjahr erreicht die Erde im Gegensatz zum Winter wieder mehr Energie, also auch Aktivierungsenergie, die im Winter gefehlt hat. Demzufolge müssen sich neue Entitäten bilden. Die Natur blüht auf, muss sich entfalten. Im Herbst lässt die von der Sonne empfangene Energie deutlich nach, so dass die Erhaltungsenergie vieler Entitäten nicht mehr ausreicht. Wer genug Erhaltungsenergie erhält, wird den Winter überleben können. So einfach ist das, Quantelung und Rückkopplung. Die Energien müssen aber nicht direkt von der Sonne kommen, sie können auch mittelbar aus anderen Entitäten stammen, wenn sie höhere Energie zu den Reaktanden haben, frei nach der Erkenntnis, dass Energie immer vom höheren

Potential zum niedrigeren fließt. Deutlich hervorheben müssen wir noch, dass Aktivierungsenergie keine Singularität sein kann. Sie ist in ihren Werten unbegrenzt wechselhaft, wie auch die Quanten selbst. Jede Entitätsveränderung braucht Aktivierungsenergie von diskreter Form bis zur Explosion je nach Schnelligkeit auf der Zeitachse. Die Rückkopplung zwischen zwei Wassermolekülen und ihrer Rückkopplungsenergie ist unspektakulär klein, für nukleare Kräfte aber groß, weshalb Atombomben zur Zündung immer konventionelle Sprengsätze zur Erzeugung der Aktivierungskräfte benötigen. Ein deutlicher Fehler in unserem Denken liegt darin, dass wir uns nicht genügend Vorstellungen machen, wie groß die Bandbreiten von Rückkopplungsprogrammen sind. Und da es so ist, staunen wir über Dinge, die im Grunde ganz simpel sind, wenn wir nur die Zusammenhänge erkennen. Ich hätte schon mal darauf eingehen sollen, als es um die Frage ging, ob Bewusstsein Energie ist. Ich habe versucht es mit Ja zu erklären. Warum ist Psychokinese denn so ungewöhnlich und mystisch? Jeder von uns betreibt unentwegt Psychokinese und auch erfolgreich. Wir bewegen doch Dank unseres Verstandes Gegenstände und bilden neue Entitäten, wir tun es nur mit der Logik der Natur über Verstärker. Alles andere wäre doch ineffektiv und so etwas macht die Natur nicht, sie sucht immer den Weg des geringsten Widerstands. Wenn Bewusstsein Energie ist, kann diese gering, aber auch hoch sein, so dass manche Menschen damit ausgerüstet sein könnten. Wir sprechen doch auch von Menschen mit starkem Willen. Warum sollte es nicht möglich sein, kleine Dinge mit Geistesenergie auf übliche Rückkopplungen zu bewegen. Sie müssen nur die Aktivierungsenergie eben überschreiten. Dieses Programm wird sich auf der Zeitachse nicht lange halten können und daher auch nicht von großer Bedeutung sein. Sie könnten den Eindruck haben, dass ich eine Vorliebe für Parapsychologie habe, nein ich interessiere mich für alles. Aber ich möchte auch diese Dinge überdenken und sie nicht einfach als Unfug abtun.

Gehen wir jetzt zu den molekularen Strukturen über. Hier fallen die Rückkopplungen ganz besonders auf, da sie schon lange viel mehr im Vordergrund des Bewusstseins stehen. Die Stöchiometrie ist eine gewaltige Säule der Chemie und wäre ohne Rückkopplung gar nicht denkbar. Wir reden ja auch ganz banal von Verbindungen. Wir können sogar relativ exakte Messungen machen, wenn wir nicht die Rückkopplungen auf immer kleineren Ebenen vernachlässigen bis hinunter zum Energieausgleich. Was in der Chemie passiert, sind ganz besonders eindrucksvolle Beispiele und Erklärungen, wenn man sie aus der Perspektive der Quantelungen und auch Rückkopplungen sieht. An dieser Stelle möchte ich noch mal ganz klar feststellen, dass ich in keiner Weise alte Erkenntnisse umstoßen möchte. Ich beziehe mich immer auf erkanntes Wissen, nur die Gewichtungen möchte ich anders sehen. Die Mathematik ist durch nichts zu ersetzen. Wir müssen uns nur ihrer Schwächen bewusst werden und ihre Folgen einkalkulieren. Nur die Mathematik kann die Dinge zueinander in Beziehung setzen, die wir brauchen. Sie kann aber nicht das Prinzip der Vereinheitlichung lösen, da sie immer mit singulären Differenzen arbeiten muss. Ihre Aktivierung kann also erst bei der Quantelung erfolgen. Wenn Sie anschauliche und auch leicht verständliche Beispiele für unsere bisherigen Aussagen finden wollen, schauen Sie in die Festkörperphysik. Keine Angst, versuchen Sie nicht ein Lehrbuch zu verstehen. Wir wollen nur ein paar Feststellungen an festen Körpern machen. Feste Körper deswegen, weil sie leichter zu beobachten sind.

Wir wollen noch mal ganz kurz unsere bisherigen Feststellungen zusammenfassen, die zu meiner Theorie führen sollen. Es ist die Quantelung der Energie mit einem hochenergetischem Kern und einer schwächeren Hüllenergie auf die jeweiligen drei Raumachsen, die Rückkopplung zu Entitäten auf die

Raumachsen und die Zeitachse, sowie schließlich noch die eigenständige Programmierung, die Kreativität.

Warum jetzt dieser Einschnitt? Die bisherigen Ausführungen beziehen sich nur auf die Quanten mit ihren Rückkopplungen. Sie dürfen nicht verwechselt werden mit den Rückkopplungen von irgendwelchen Entitäten, die sich aus den Quanten bilden lassen. Die Quanten sind die Grundbausteine aller Entitäten. Sie müssen so konstruiert sein, dass sie sich aneinander anpassen können zu lückenlosen Formationen. Der große Sprung, der jetzt erfolgen muss, ist die Programmierung von Quanten zu Entitäten, die natürlich auch wieder zueinander rückgekoppelt sein müssen wie alles Sein. Bereits das Atom ist das nächste eigenständige Programm, Es bildet über Replikationen Elemente, die über Rückkopplungen starke Einheiten bilden, die sich dann mit anderen Elementen zu Verbindungen koppeln, das reiche Feld der Chemie. Auf welche Weise? Es muss schon ein fantastischer Programmierer sein, was immer wir auch darunter verstehen wollen. Wir dürfen jetzt nicht den Denkfehler machen, wenn sich neue Entitäten bilden, seien sie von der Natur oder uns Menschen initiiert und die Quanten seien nur noch von untergeordneter Rolle. Nein, sie nehmen weiter an jeder noch so kleinen Veränderung aktiv teil und bestimmen den Ablauf. Wir müssen den Vorgang so sehen, dass die

Quantelung innerhalb der Entitäten auf der gesamten Zeitachse unentwegt fortläuft, während auf den jetzt höheren Ebenen der Programmierungen der Erhalt begrenzt ist durch Entropie. Zwei Wasserstoffatome und ein Sauerstoffatom in eine Raumeinheit gebracht, finden untereinander ein Gleichgewicht bis auf die Ebenen der Quanten auf der Zeitachse. Fügen wir jetzt aber die erforderliche Aktivierungsenergie hinzu, verkürzt sich das Bild auf der Zeitachse. Im Übrigen kann die Aktivierungsenergie einen exothermen oder endothermen Prozess auslösen jeweils bis zum Gleichgewicht.

In diesem Zusammenhang ein Wort zu Katalysatoren. Sie werden immer so hingestellt, als würden sie an Reaktionen nicht teilnehmen. Das heißt, sie wären Singularitäten, was sie ja Gott sei Dank nicht sein können. Sie bilden aber erforderliche Rückkopplungen zu den Nachbarquanten mit Energieverschiebungen, die als Aktivierungsenergie für den gewünschten Prozess ausreichen. So einfach ist das. Wo wäre unsere Industrie ohne Katalysatoren? Fragen Sie mal Chemiker und wir wissen nicht mal wie sie funktionieren. Wundert man sich über Funktionseinbußen, wo sie doch an der Reaktion nicht teilnehmen. Katalysatoren sind Entitäten und jede Entität unterliegt der Entropie. Also muss ein Katalysator mit der Zeit nachlassen je nach Abbau auf der Zeitachse. Denken Sie auch mal an die vielen Enzyme, die alleine unser Körper benötigt, um zu überleben. Enzyme sind Biokatalysatoren, funktionieren also nach dem gleichen Prinzip wie auch jeder andere Katalysator. Sie sollen auch an der Reaktion nicht teilnehmen. Nach unserer aufgebauten Logik müssen sie aber. Sie sind komplexe Eiweißmoleküle, die Aktivierungsenergie aus Quanten liefern, um eine Kettenreaktion auszulösen. Vielleicht sollten wir an dieser Stelle auch mal darauf hinweisen, wie schwer es Mediziner bei der Vielzahl von Störungsmöglichkeiten haben, die richtige Diagnose und Behandlung zu finden.

Schauen wir uns jetzt einmal ein wenig die Rückkopplungsprogramme an. Jedes Quant hat die Fähigkeit seine Energie auf die drei Raumachsen und die Zeitachse je nach Forderung zu verteilen. Das heißt, es entstehen auf der Zeitachse unendlich viele und verschieden große formverschiedene Quanten, die miteinander rückkoppeln müssen. Quanten gleicher Größe und Form, also Replikationen, werden das leichter tun als Quanten anderer Gestalt. Die haben den Nachteil, dass sie nicht so enge Bindungen eingehen können und auch nicht so schnell rückkoppeln. Oft wird dann ein Lückenfüller wie Wasser dazwischen geschoben, um kein Vakuum aufkommen zu lassen. Alleine dieser Vorgang vermehrt um vieles die Variationsmöglichkeit. Dieses Prinzip wird im ganzen Kosmos erhalten bleiben, weil es sonst kein einheitliches Ordnungssystem geben kann. Dieses Quantensystem untersteht aber einer höheren Ordnung, die ich als Bewusstseinsebene bezeichnen möchte. Hier kommt der Geist ins Spiel, der die Quanten zu Entitäten zusammen fügt nach seinem Bewusstsein und Willen. Von diesem Bewusstsein hat uns der Schöpfer ein wenig abgegeben, den Tieren und Pflanzen auch, aber ein Bisschen weniger. Das Schöne daran ist, es ist auch ein offenes System mit dem wir unser Wissen nachhaltig erweitern können. Alles was wir tun ist Rückkopplung und alles was getan wird und schon getan ist, ist es auch.

Die große Schwierigkeit für uns Menschen ist das Lesen und Schreiben von Programmen, da wir nur Sinnesorgane mit begrenzten Möglichkeiten haben. So sind wir gezwungen auch weiter in winzigen Schritten mühevoll der Natur ihre Gesetze abzulauschen. Daher kann eine vereinheitlichte Theorie nur eine logische Lösung sein, die sich in der Praxis bewähren muss. Was wir gesehen haben ist dennoch eine deutliche Verschiebung zu den alten Gesichtspunkten, die zumindest zu einer Überprüfung Anlass geben sollte. Die Genforschung ist so ein neuer Weg, der uns weiterbringen kann. Erkennen wir hier das Grundprinzip, können wir es auf das ganze Universum übertragen nach dem uralten Spruch: Was unten ist, ist oben und was oben ist, ist unten. Gesetze der Natur sind universell örtlich und zeitlich. Die Quantelung ist ein Ordnungssystem über die globale Rückkopplung bis hin zur Chaostheorie. Übertragen wir unser Denken auf den Makrokosmos, kann es kein Vakuum geben, was wir alleine logisch postulieren müssen. Wäre der Raum leer, wie kann er denn Licht enthalten? Sind zum Beispiel Sonnenwinde keine Energie? Wer erwärmt unsere Erde? Vergessen wir nicht $E=mc^2$. Wie kann sich eine Rakete kontrolliert durch den Raum bewegen, wenn sie keine Orientierungspunkte hat? Wie will man sie steuern? Die Abstoßung von Masse nach hinten ist eine Rückkopplung zwischen Rakete und dem Feuerstrahl der abgeschossenen Energie ohne Bezug zum angeblichen Vakuum. Ein Feuerstrahl seitlich würde sie ja in Rotation versetzen und ewig darin verhalten, weil keine Dämpfung zum gezielten Ausgleich in die gewünschte Richtung da wäre. Der Raum ist nicht leer, er enthält nur vergleichsweise wenig Energie. Wieder nach dem Satz: nicht entweder oder sondern sowohl als auch. Ist es nicht offensichtlich, dass der ganze Kosmos in Bereiche hoher Konzentration von Energie und Bereiche niedriger Dichte aufgeteilt ist? Auffällig ist dabei, dass es keinen kontinuierlichen

Anstieg der Energie gibt, sondern so wie bei den Quanten, energiereiche Kerne und umgebende Felder geringerer Energie, Sterne und dünn erfüllter Raum mit teils sich zu null rückkoppelnder Energie. Wie das möglich ist, wird wohl das große Geheimnis bleiben. Denn bereits bei den Quanten müsste es heißen: zwischen Kern und Hülle müsste ein Energiefluss vom höheren zum niedrigeren Potential entstehen bis zum Energieausgleich.

Da wir gerade bei den großräumigen Entitäten sind, sollten wir noch mal einen Blick auf die Erdatmosphäre werfen, hier speziell auf ein Gewitter, was die riesigen Verschiebungen von Energie über Rückkopplungen wie ein eindrucksvolles Schauspiel zeigt. Gerade an diesem Beispiel lassen sich viele Abläufe unserer Theorie deutlich und einfach erklären. Wir haben postuliert, dass jede Entität von einem Programm impliziert wird. Egal was Sie herstellen wollen, Sie benötigen ein Programm, wenn das auch nicht immer so augenfällig erscheint. Suchen Sie selbst nach Beispielen. Es ist so im Kleinen wie im Großen. Hauptakteur beim Gewitter ist Wasser. Jedes Wassermolekül enthält eine gewisse Anzahl von Quanten, auf denen Energie auf den drei Raumachsen verteilt ist und zwar so, dass es dem Programm von Wasser entspricht. Wir haben aber gesehen, dass jedes Quant und auch jede andere Entität ein offenes System sein muss. Jedes Quant kann aber auch unter Beibehalt seiner Programmierung zusätzlich Energie aufnehmen. Im Klartext, es kann wärmer oder auch kälter werden. Wir nehmen die üblichen Begriffe Hochdruck und Tiefdruck. Begegnen sich Hochdruck und Tiefdruck mit jeweils deutlichen Temperaturunterschieden, steigen die wärmeren Wasserteilchen nach oben, die kälteren fallen durch die Gravitation nach unten. Sind diese Fronten eng beieinander, entstehen erhebliche Energiedifferenzen, die nach Ausgleich suchen über den Weg des geringsten Widerstands vom höheren Potential zum niedrigeren. Die Wassermoleküle sind dadurch doch nicht positiv oder negativ geladen. Sie haben nur eine Energiedifferenz durch verschiedene Gravitation. Hier wird die Verbindung von Gravitation, sowie auch Elektromagnetismus und Newtonscher Mechanik deutlich, ohne großes Rechnen oder Experimentieren. Für die Auslösung eines Blitzes ist wieder die bereits erwähnte Aktivierungsenergie erforderlich. Da ein Blitz als Welle betrachtet werden kann, werden wir sowohl Wellen im akustischen, wie auch im optischen Bereich wahrnehmen. Wir dürfen nicht vergessen, dass im Blitz selber hohe Temperaturen entstehen, die wieder Rückkopplungen von Entitäten, gleich welcher Art sie auch treffen, spalten oder ändern können. Betrachten wir die Dauer eines Blitzes auf der Zeitachse, so ist sie bis zur entgültigen Entropie sehr kurz, das heißt, in kürzester Zeit müssen gewaltige Mengen von Quanten rückgekoppelt werden. Riesige Wassermengen bei Ebbe und Flut hingegen haben über Stunden Zeit gleiche Energien zu wandeln. Man sieht hier schön, wie sich gleiche Energiemengen auf der Zeitachse ganz unterschiedlich manifestieren müssen, obwohl beide Prozesse an Wassermolekülen ablaufen. Aus der Praxis heraus sehen wir sofort, dass die Blitzenergie zur Verwertung unseres Bedarfs wenig geeignet ist, weil wir sie nicht so schnell speichern können. Ohne Gravitation mit ihren Rückkopplungen gäbe es weder den Blitz mit seinen elektromagnetischen Wellen, noch die mechanischen Wellen von Ebbe und Flut nach den Gesetzen von Newton. Wir sehen wieder einmal, dass es nur eine Grundenergie gibt aus der sich alles entwickelt hat. Sie ist weder positiv noch negativ, sie ist es jeweils nur im Bezug zu Nachbarentitäten durch Energiedifferenzen der Quanten. Die vereinheitlichte Theorie kann wieder einmal ihre Richtigkeit und Sinnfälligkeit darstellen. Wenn wir den Weg vom Einfachen zum Komplexen gehen können wir einige Zeit den Überblick noch aufrechterhalten. Umgekehrt ist es aber fast unmöglich aus der Komplexität zum Ursprung zurückzufinden, alleine schon deswegen, weil ja in jedem noch so kleinen Zeitraum Rückkopplungen stattgefunden haben. Geben Sie einen Tropfen Tinte in ein Glas Wasser können Sie wunderschön verfolgen, wie sich die Tinte ausbreitet. Aber Sie können nicht auf dem umgekehrten Weg, die Tinte wieder in einen Tropfen zurück transformieren. Zudem hat inzwischen eine Dämpfung in Richtung Entropie eingesetzt. Eine gedämpfte Welle ist aber Dämpfung durch Rückkopplung nicht nur der Amplitude, sondern auch der Frequenz und der Wellenlänge, da ja Rückkopplungen mit der Umgebung auch auf der Zeitachse stattfinden. Das müssen wir uns deutlich vor Augen halten. So schön wir uns eine Welle auf dem Papier zeichnen können, die Welle verläuft in einem Medium, das die Welle umgibt, das in jedem Zeitpunkt und in jeder Steigung mit der Welle rückkoppelt. In jedem Messversuch ist eine Welle ein Reaktionsprodukt aus Welle und Umgebung. Ist es ein Wunder, dass wir bei einem solchen Wellensalat keinen Überblick mehr finden, besonders im Hinblick darauf, dass es kein Vakuum geben kann, wie wir zuvor gesehen haben? Wenn dem so ist, kann es auch keine konstante Lichtgeschwindigkeit geben, da jedes Lichtquant, das uns aus dem All begegnet, nicht nur in unsere Richtung rückgekoppelt ist, sondern auch seitlich eine Rückkopplung mit Dämpfung erfährt. Wäre dem nicht so, müsste uns das Sternenlicht gleißend hell erscheinen. Tut es aber nicht. Es ist die letztendliche Interferenz, die uns erreicht. Das Funkeln der Sterne ist nicht alleine die Rückkopplung mit der Erdatmosphäre, sondern, wenn auch für uns in geringen Maße, mit dem unendlichen Raum. Die erhebliche Dämpfung durch die Erdatmosphäre ist uns schon lange bekannt. Sie erhält unser Leben in der biologischen Lücke. Sie macht aber auch unsere Messungen ungenau und auch veränderlich. Deshalb wurden Weltraumteleskope wie das Hubble in den Weltraum geschickt, um Störungen der Atmosphäre zu vermeiden, da hier ja die Rückkopplungen geringer sind. Ganz können wir dennoch auch aus dem Raum kleine Fehler nicht vermeiden. Immerhin heißt es, sind 94 % des Raumes mit dunkler Energie und dunkler Materie erfüllt. Auf die Weite des Raumes bezogen ist die Energiedichte gering, jedoch nicht entbehrlich.

Kehren wir wieder zur Erde zurück. Haben Sie sich mal vor Augen gehalten, welchen Weg auch nur jede kleinste Entität gegangen ist, bis sie so ist, wie sie Sie gerade wahrnehmen? Nehmen wir einen Kolben Ihres Automotors. Er verkörpert uns gut die Power, die in ihm steckt. Gehen Sie seine Vergangenheit nur einmal bis zu heutigen Tage auf der Erde durch. Erst musste das Metall mühevoll von einem Menschen aus dem Boden geborgen werden. Was für ein Lebensschicksal musste erst ablaufen mit Freud und Leid, Erhaltungstrieb, Fortpflanzung, Denken und Schaffen, bis dieser Mensch es zu Tage brachte und seine Zukunft bestimmte. Es hätte auch ein anderer sein können aus den unendlich vielen Möglichkeiten des Seins auf der Zeitachse. Aber auch dieser Mensch hätte sein Schicksal mitgebracht. Was alleine für eine riesige Zahl von Abläufen also Rückkopplungen nur bis zum Fund des Metallstücks. Das alles macht erst aus der Vergangenheit über die Gegenwart seine Zukunft, die Bewegung im Motor mit ihren Folgen. Wir schaffen daraus Kreativitäten, die uns überleben und die Zukunft mit unserem Geist formen. Wir müssen zwar sterben, aber unser Geist formt und formt weiter die Zukunft, ob wir wollen oder nicht, bewusst oder unbewusst, ob Ursache und Wirkung, Schöpfer in der Schöpfung, Unsterblichkeit der Vergangenheit. Bei unserer so stark begrenzten Wahrnehmungsfähigkeit nennen wir es Seele. Wir spüren so etwas Unbestimmtes, wollen es auch wahr haben, wollen es fassen und begreifen. Es ist doch ein schönes Gefühl durch unsere Werke unsterblich zu sein nur durch die Tatsache, dass alles rückgekoppelt ist in dem wir weiter existieren. Wie traurig wäre es, eine Singularität zu sein ohne jeglichen Bezug. Wir sind aber Teile eines Ganzen, so zu sagen Ausstülpungen, und das Ganze existiert nur durch seine Teile und seine Rückkopplungen, dem großen Schöpfungsakt durch Quantelung. Alles kehrt in sich zurück. Zeit ist nur eine Ortsbestimmung ewigen Seins.

Wenn alles rückgekoppelt ist, müssen auch unsere Naturgesetze im ganzen Kosmos nach diesen Gesetzen funktionieren, sowohl im Kleinen wie im Großen. Versuchen wir jetzt einmal unsere Theorie auf das Große zu übertragen.

Machen wir wieder ein Gedankenexperiment. Stellen Sie sich zwei Wasserbehälter gleicher Größe vor, die unten durch ein weites Rohr miteinander verbunden sind. In dieses Rohr sei ein Schieber eingebaut mit dem man schnell verschieden große Querschnitte öffnen kann. Einen Behälter füllen wir mit Wasser. In dem anderen bleibt Luft. Beide sind oben offen und auf beide wirkt auch die gleiche Gravitation. Stellen wir die Schieberöffnung auf großen Querschnitt und öffnen den Schieber schnell. Was passiert? Das Wasser wird zur anderen Seite schießen mit der potentiellen Kraft, die in kinetische Energie umgesetzt wird abzüglich der Energie, die durch Reibung also Rückkopplung verloren geht. Bei großer Öffnung wird nach ein paar Mal hin und her der Prozess im Gleichgewicht sein. Ist die Schieberöffnung klein, passiert das Gleiche nur über einen längeren Zeitraum. Dieses wird uns, je langsamer es geht, nicht mehr bewusst werden, da die Rückkopplungen an der kleinen Öffnung immer größer werden je kleiner die Öffnung ist. Jedes Quant, das durch die Öffnung will, muss ja erst eine Aktivierungsenergie durch das nachfolgende Quant erhalten, wenn die Rückkopplung größer ist als die Aktivierungsenergie. Wenden wir dieses Experiment auf den Kosmos an, es sind ja nur graduelle Unterschiede. Mit dem Urknall expandierte der Kosmos. Gleichzeitig waren aber die alten Rückkopplungen da, die diesen Verschiebungen entgegenwirkten bis zum Ausgleich. Dieser Ausgleich muss im Großen wie im Kleinen erfolgen nur eben in verschiedener Zeit. Das heißt, der Raum muss verschiedene Dichtebereiche haben, also Quanten pro Raumeinheit mit verschieden hoher Energie. Ein Quant mit sehr geringer Energie wird sich mit einem Quant hoher Energie rückkoppeln. Hat dieses Quant aber so wenig Energie, dass es die Aktivierungsenergie nicht mehr aufbringen kann, um sich wieder zu lösen, wird es gefangen bleiben. Da der Raum expandiert, was wir auch weiter an der Rotverschiebung erkennen können, werden sich viele Quanten zwangsläufig bilden, deren Energie unterhalb der Aktivierungsenergie liegt. Kommen diese Quanten dann in den Bereich hoher Energiedichte, werden sie geschluckt und können nicht mehr entweichen. Es entsteht der Ereignishorizont nach Schwarzschild mit der Bildung eines schwarzen Lochs, wo das Quant, also auch ein Lichtquant, nicht mehr entweichen kann.

Die Folge ist, wenn diese Energie nicht mehr entweichen kann, wird sich die Energiekonzentration auf der Zeitachse immer weiter erhöhen bis die Gravitation, die ja logisch nicht einheitlich ist, durch die von außen verschieden aufgefangenen Entitäten die Aktivierungsenergie erreicht hat. Dann erfolgt in diesem Bereich ein neuer Urknall, der sich radial ausbreitet und wieder mit den umgebenden erhaltenen Entitäten rückkoppeln muss. Ich sehe in der von Astronomen als so unverständlich bezeichneten zunehmend schnelleren Ausdehnung des Alls kein Problem. Durch die Ausdehnung nimmt die Raumdichte ab, also auch die Rückkopplung der Quanten zueinander. Also wird die Dämpfung abnehmen und die Geschwindigkeit auf der Zeitachse zunehmen müssen. Der Grund für das Unverständnis liegt wieder in der Neigung zur Bildung von Singularitäten. Wir haben aufgehört weiter zu denken. Ich würde einen Pulsar nicht als etwas Besonderes betrachten, wenn wir seine Entropie auf der Rückkopplungsskala sehen würden. Wir haben das Gedankenexperiment mit den zwei kommunizierenden Röhren aus zwei Behältern und dem Schieber gezeigt. Kann das Wasser sich schnell ausbreiten, wird es wie ein Pendel mehrfach hin und her schwappen. Schließlich wird es so gedämpft sein, dass wir die unterschiedlichen Wasserspiegel beider Seiten nicht mehr wahrnehmen. Ähnliches spielt sich bei einem Pulsar ab. Die Aktivierungsenergie bleibt so lange erfolgreich mit ihrer Abstrahlung von Energie in den Raum, wie Spaltungen der Rückkopplungen in unserem Stern ausreichen, dieser Abstrahlung nachzukommen. Dann wird es wie bei unserem Versuch der kommunizierenden Röhren zu der Phase kommen, wo einmal die Rückkopplung stärker ist und einmal die Aktivierungsenergie die Vorhand hat. Es kommt zum Pulsieren wie bei einem Pendel aber auch der Dämpfung durch die ständige Entropie. Reicht die Aktivierungsenergie nicht mehr aus, werden wir den Stern nicht mehr sehen. Die Rückkopplung geht wieder nach innen. Es bildet sich der Ereignishorizont nach Schwarzschild wie zuvor beschrieben. Nur wenn dem Stern eine neue Aktivierungsenergie begegnen würde, würden wir wieder seiner gewahr. Das wird dann sein, wenn im Inneren des Sterns die Gravitation so hoch ist bei den unterschiedlich großen und verschiedenen Entitäten, dass ein Gleichgewicht nicht mehr erhalten werden kann und einen neuen Urknall hervorbringen muss wie zuvor gesagt.

Aus all dem erkennen wir, dass der Raum nicht homogen sein kann und erst recht keine Singularität. Unsere Erde wird sich immer wieder durch ein anderes Umfeld bewegen mit unterschiedlichen Rückkopplungen, die wir nur schwer nachvollziehen können. Wie sollte man sonst die Eiszeiten erklären. Dabei werden sich lokal und in der Zeit immer wieder Energiedichten bilden, in der sich Entitäten erhalten können. Gäbe es keine Expansion des Kosmos im Bereich der Erde, wäre diese nicht abgekühlt und es hätten sich nicht unsere biologischen Nischen bilden können in der sich hochdifferenzierte und sensible Entitäten bilden können. Wir würden ja nicht einmal hundert Grad überstehen. Die Erderwärmung ist multifaktoriell, ihre Auswirkung ist mehr eine Glaubenssache als Wissen. Trotzdem ist es wichtig alles zu tun, um unsere Erde im Gleichgewicht zu halten und örtlich können wir ja auch etwas tun, wenn die Menschen nur ihre Profitgier bezwingen würden. Aber sie tun es nicht, es wird nur geredet und geredet.

Sie meinen, irgendwann hätte ich wenigstens die Relativitätslehre erwähnen sollen. Habe ich schon abgehakt. Sie haben es nur nicht gemerkt da sie so simpel ist. Nehmen Sie irgendeinen Punkt des Weltalls heraus. Da alles miteinander rückgekoppelt ist, war und immer sein wird, brauchen Sie nur einen Schieber auf der Zeitachse vor oder zurück zu bewegen, um seine Existenz zu finden. Einsteins wichtige Aussage war, alle Inertialsysteme sind gleichwertig, nur durch die so begrenzte Wahrnehmungsfähigkeit unseres Gehirns und der Sinnesorgane nicht nachvollziehbar Einsteins Weg war über Uhren, die den meisten

Menschen als Vergleichsmesser schwer verständlich waren. Deshalb habe ich dafür die Zeitachse als Längeneinheit genommen, die wir auch beim Auftragen in ein Koordinatensystem benutzen. Hier lassen sich die Relativbewegungen zu einander optisch einfacher erkennen. So ist auch die Quantentheorie nichts anders als die Relativierung auf kleinste Entitäten auf der Zeitachse des in sich rückgekoppelten gequantelten Kosmos. Es braucht keinen Anfang und auch kein Ende. Die Vergangenheit hat uns in das Jetzt gebracht, aus ihr ist die Zukunft schon vorprogrammiert durch die Kausalität über den wandelbaren Determinismus. So einfach ist das vom Prinzip her. Determinismus ist das Werkzeug des Schöpfers und übrigens auch des Menschen, die Kreativität zu verwirklichen. Es ist die oberste Ebene allen Seins. Für uns ist es der (begrenzte) freie Wille, für den Schöpfer die Reflexion seines Seins. Wir wissen wie sich Entitäten bilden, wir wissen warum sie sich so bilden, aber wir wissen noch sehr wenig, wie wir sie programmieren können. So sind wir immer noch vorwiegend darauf angewiesen, der Natur mühsam die Regeln abzuschauen. Wir nennen das Fuzzi-Logik, die sehr erfolgreich ist.. Wir wissen aus der Natur, dass es so sein müsste, aber nicht warum. Wir nutzen ein Programm, ohne es zu kennen. Wir arbeiten also mit einem Programm wie im

Computer, ohne genau zu wissen, wie es der Programmierer erstellt hat. Wir sind zufrieden, wenn die Endergebnisse stimmen. Wir müssen uns aber bemühen, auf die Ebene einer Gesamtheitsprogrammierung zu kommen. Wir müssen lernen, wie man ein Programm der Natur schreibt, auf das die Quanten reagieren und sich auf die drei Raumachsen formatieren lassen, sowie nach welcher Aktivierungsenergie sie sich auf der Zeitachse etablieren. Der Computer liefert uns ja schon eine Menge Simulationsmöglichkeiten. Wir müssen nur plastisches Simulieren, also ein so zu sagen dreidimensionales Sehen der Grundenergie, lernen. Können wir das, haben wir die Möglichkeit, der Energie bestimmte Eigenschaften aufzuprägen in Intensität und Form. Das wird ganz besonders die Festkörperphysik befruchten zum Beispiel in den Gitterstrukturen oder den optischen Phänomenen. Hier wird sich unser Geist entwickeln müssen, denn vor dem Programm steht der Programmierer. Wieder einmal der Hinweis, dass der Geist Energie ist. Er bewegt alles, was zu bewegen ist, differenziert in die vielen Eigenschaften der Entitäten, ohne die es keine Änderungen geben würde. Das alles ist nur möglich, wenn es Rückkopplungen verschiedener Form und Größe über die Quanten gibt. Alles ordnet sich so wunderbar, ohne eine Singularität zu werden. Nichts ist alleine weder Sie noch ich. Wir kennen uns nicht, trotzdem sind wir miteinander verbunden. Nach welchem Programm? Nicht nur nach dem des Schöpfers, sondern auch unseres eigenen, denn ein wenig freien Willen, der uns auch ein wenig programmieren lässt, haben wir auch, leider aber nicht immer erfolgreich und richtig. Oft liegt die Lösung vor unsern Augen und wir sehen sie nicht. Wir suchen nach dem Higgs-Teilchen und hoffen es mit viel Aufwand zu finden. Wird es es wirklich geben? Natürlich wird es es geben, ich verwette meinen Kopf darauf. Ein Teilchen kann man immer teilen, nur ein Nichts nicht. Da ist wieder dieses Singularitätsdenken! Wenn man so ein Teilchen wieder teilt, gibt es logischerweise zwei Teilchen, ein Teilchen und ein Antiteilchen. Das sind aber nur Begriffsvergaben, menschliche Notwendigkeiten zur Erkennung einer Identität ohne aber auf der Zeitachse eine Überlebenschance zu haben. Sie sind nach alten Begriffen instabil, nach dem Gesetz der Erhaltung der Energie aber real. Ob wir das Teilchen nun nach Higgs oder wem auch immer benennen, ist doch ohne Bedeutung. Für mich ist Konstruktion und nicht Destruktion wichtiger. Komm ich schleudere dir mal schnell ein neues Teilchen, würde mich kalt lassen. Ergebnisse werden beim Cern sicher heraus kommen. Es gibt immer Ergebnisse. Bahnbrechend?

Die Vielzahl der Erkenntnisse ist nicht mehr in einem Gehirn zu speichern. Daher brauchen wir mehr und mehr ein Team, um zu neuen Erkenntnissen zu kommen. Wir benötigen Konstruktion um kreativ zu sein. Wir müssen die Programme des schon Vorhandenen erforschen und dann aus der Erkenntnis neue Programme entwickeln. Um verschiedene Gehirne zu koordinieren brauchten wir eine exakte, umfassende Programmsprache, die wir nicht haben. Daher sind Fehler vorprogrammiert. Der Anfang jeder Diskussion sollte sein, die Inhalte so zu formulieren, dass wir das Selbe unter einem Begriff verstehen. Diese Möglichkeit haben Sie und ich aber noch nicht. Ich kann nur hoffen, dass ich mich bei der Schwierigkeit der Begriffe so ausgedrückt habe. dass es nur zu geringen unwesentlichen Missverständnissen kommt, die die Gesamtsicht und Zusammenhänge nicht zerstören.

Ich könnte noch sehr viele interessante Beispiele bringen. Die einen fänden es gut, die anderen langweilig. Ich hoffe einen Mittelweg gefunden zu haben. Mein Wunsch wäre es Sie anzuregen, eigene Zusammenhänge zu finden und so zu sensibilisieren, meine Theorie zu bestätigen und ausbreiten zu helfen. Wir brauchen eine neue Sicht in unserer schnelllebigen Zeit.

Zum Schluss möchte ich mich noch herzlich bei

allen Wissenschaftlern entschuldigen, die sich durch meinen Buchtitel verletzt oder geschmälert fühlen. Das war nie meine Absicht. Ein Buch muss Aufmerksamkeit erwecken, um gelesen zu werden. Hier liegt ein großes Problem, besonders bei der heutigen Informationsflut, wenn eine Erkenntnis nicht auf andere übergreift.

Ich möchte noch mal an die Leistungen der vielen Wissenschaftler erinnern, die uns mühevoll mit all den Rückschlägen und Entbehrungen durch ihren hohen Forschergeist unser Leben bereichert haben, ohne dass wir ihnen dafür gedankt haben.

Wenn Sie jetzt das Taschenbuch schließen, haben Sie eine Bewegung Länge x Breite x Höhe auf der Zeitachse gemacht, ob nun zufrieden oder unzufrieden, einsichtig, skeptisch oder ablehnend. Sie haben die neu Theorie, die vereinheitlichte Theorie, nachvollzogen, ohne sich dessen bewusst zu werden. Da alles miteinander rückgekoppelt ist, haben Sie die Welt verändert, wenn auch nur ein klein wenig. Sie haben mit Ihrem Geist Energie, gequantelte und programmierte Energie bewegt, so wie Sie es Tag ein Tag aus tun.

Dieses Buch basiert auf dem Titel
„Dem Schöpfer über die Schulter geschaut"
vom gleichen Autor ebenfalls erschienen
im BoD Verlag
ISBN 9783833472596

Günter Linzenich

Dem Schöpfer über die Schulter geschaut

Eine neue leicht verständliche Theorie

über die Entstehung und die Zukunft des Kosmos

Ein Schnellkurs für Einsteiger

www.ingramcontent.com/pod-product-compliance
Lightning Source LLC
Chambersburg PA
CBHW031442210526
45464CB00005B/2297